AF360676

RAPPORT

présenté par

Mr. le Baron de Czoernig,

chef de Section au Ministère impérial et royal du Commerce, de l'Industrie et des Travaux
publics, directeur de la statistique administrative,

à la

Commission organisatrice

de la troisième session

du Congrès international de statistique

sur le

projet de programme

des travaux de cette assemblée.

Vienne.

Imprimerie impériale et royale de la Cour.

1857.

Commission organisatrice

de la troisième session

du

Congrès international

de

statistique.

Lors de la 2ième session du Congrès international de statistique, tenue à Paris en 1855, la commission a été chargée de déterminer le lieu de la prochaine réunion du Congrès. Cette commission ayant désigné la ville de Vienne, et cette décision ayant été communiquée officiellement au gouvernement impérial et royal d'Autriche, Sa Majesté I. et R. Apostolique a daigné autoriser, par un décret daté du 29 Décembre 1856 et rendu sur la proposition du Ministre des affaires étrangères, Mr. le Comte de Buol, la réunion à Vienne de la troisième session du Congrès international de statistique et permettre de prendre les mesures nécessaires à ce but.

En exécution de ce décret, le Ministre du Commerce, Mr. le chevalier de Toggenburg, chargé de prendre, d'accord avec les ministères intéressés, les mesures qui s'y rapportent, a institué une *Commission organisatrice*. Cette commission se compose de représentants des divers ministères et des autorités centrales nommés à cet effet, ainsi que de savants et d'économistes; leur tâche consiste à préparer les conditions matérielles de la réunion du Congrès, et surtout à rédiger un programme motivé devant servir de base à la discussion et aux décisions du Congrès.

Les membres de cette commission sont:

Son Excellence Mr. le Dr. Baron de Baumgartner, conseiller intime et président de l'Académie impériale des sciences;

Mr. le Dr. Baron Ch. de Czoernig, Chef de section au ministère du commerce et directeur de la statistique administrative;

Mr. Ignace Engelhardt, conseiller de section au ministère du commerce et directeur adjoint de la statistique administrative;

Mr. le Dr. Adolphe Ficker, secrétaire ministériel attaché à la direction de la statistique administrative;

Mr. Auguste de Fligély, major-général et directeur du corps impérial et royal des ingénieurs géographes de l'armée;

Mr. le Dr. Théodore Helm, conseiller médical et directeur de l'hôpital général de Vienne;

Mr. le Dr. chevalier Ch. de Hock, chef de section au ministère des finances;

Mr. le Dr. Gustave Höfken, conseiller de section au ministère du commerce;

Mr. le Dr. chevalier Antoine Hye de Glunek, conseiller ministériel au ministère de la justice;

Mr. Auguste K h o s s de S t e r n e g g, conseiller de section au ministère de la justice;

Mr. Joseph L a n g u i d e r, colonel d'état major;

Mr. le Dr. Joseph L a s s e r, chevalier de Z o l l-h e i m, conseiller ministériel au ministère de l'in-térieur;

Mr. Ch. L e w i n s k y, conseiller aulique auprès de l'autorité suprême de police;

Mr. le chevalier Jean de L u s c h i n, conseiller aulique auprès de la cour centrale des comptes;

Mr. le Dr. Kajetan de M a y e r, conseiller mi-nistériel au departement de l'intérieur;

Mr. le Baron François de M e n s s h e n g e n, con-seiller aulique et ministériel au ministère des affaires étrangères;

Mr. le Dr. Léopold N e u m a n n, conseiller de gouvernement et professeur de faculté;

Son Excellence Mr. le Dr. chevalier Joseph de P i p i t z, conseiller intime et gouverneur de la banque;

Mr. le Dr. Baron J. de R e d e n, vice-président de la société impériale et royale de géographie;

Mr. le Dr. Jean S p r i n g e r, conseiller de gouvernement et professeur de faculté;

Mr. le Dr. L. S t e i n, professeur de faculté;

Mr. Valentin S t r e f f l e u r, secrétaire ministériel attaché à la direction de la statistique administrative;

Mr. le Dr. Maurice de S t u b e n r a u c h, professeur de faculté;

Mr. le Dr. Edouard T o m a s c h e k, conseiller ministériel au ministère des cultes et de l'instruction publique;

Mr. le Dr. Maurice F r ä n z l, chevalier de V e s t e n e k, conseiller ministériel au ministère des finances;

Mr. Antoine W i s n e r, conseiller ministériel au ministère des finances.

La commission organisatrice est présidée par le Ministre du Commerce, Mr. le chevalier de T o g g e n b u r g, qui a chargé Mr. le Baron de C z o e r n i g de le remplacer en cas d'empèchement. Les fonctions de secrétaire sont remplies par Mᵣ. le Dr. F i c k e r.

Projet de Programme

pour la

troisième session du Congrès international

de

statistique.

I.

Objets renvoyés par la deuxième session du Congrès international à un Congrès ultérieur.

1. Communications des représentants des différents gouvernements sur les mesures prises par les bureaux de statistique respectifs depuis la clôture de la 2ième session du Congrès international de statistique et particulièrement pour la mise en exécution des décisions de cette assemblée.

2. Statistique des décès et notamment classification par grandes divisions des causes de décès énumérées dans la nomenclature approuvée par le Congrès.

3. Accélération des travaux concernant :

   a) un tableau détaillé de tous les actes punissables prévus par les lois de chaque pays, indiquant avec précision le sens légal des termes employés ainsi que la pénalité édictée contre chaque infraction ;

   b) l'exposé de l'organisation et de la compétence des diverses autorités judiciaires, ainsi que de leur procédure.

4. Projet d'un plan détaillé d'une statistique de la justice civile, où il est tenu compte des voeux y relatifs exprimés dans la 2ᵉ session du Congrès.

5. Projet d'un plan détaillé d'une statistique financière, comprenant le budget de l'Etat aussi bien que (s'il y a lieu) les budgets spéciaux des provinces et l'administration des revenus communaux.

II.

Objets déjà traités dans des réunions antérieures du Congrès, mais sur lesquels il est nécessaire de délibérer de nouveau.

6. Statistique de l'industrie, conformément aux décisions prises dans les sessions antérieures, mais complétée par la classification des professions industrielles et par le relevé de la quantité et de la valeur de leurs produits.

7. Statistique de l'instruction publique. Il paraît utile de formuler un questionnaire pour chacune des catégories de l'instruction publique, ainsi que pour les résultats obtenus par elle; ces derniers ne devront pas être séparés de la statistique de la culture intellectuelle en général.

8. Emploi de la cartographie pour les besoins spéciaux de la statistique, notamment pour la statistique de l'agriculture de l'industrie, et des voies de communication par terre et par eau.

9. Statistique de la navigation qui se fait par des navires nationaux entre les ports étrangers.

III.

Objets proposés dans une session antérieure du Congrès de statistique, mais qui n'ont pas été discutés.

10. Rapport de la statistique avec les sciences qui s'occupent de la nature.

IV.

Objets nouveaux à soumettre au Congrès.

11. Statistique des différences éthnographiques de la population d'un Etat.

12. Statistique des établissements et des associations destinés à venir en aide aux malades et aux infirmes, ainsi que des resultats de l'organisation sanitaire.

13. Statistique de la distribution de la propriété foncière et des hypothèques qui la grèvent, ainsi que du mouvement annuel de la propriété et de ses hypothèques.

14. Statistique des institutions de banque et de crédit et de leur influence sur l'état économique du pays.

Dr. Adolphe Ficker,
secrétaire ministériel.

Rapport

sur le

projet du programme

pour la

troisième session

du

Congrès international de statistique.

Messieurs,

J'ai l'honneur de vous soumettre le résultat de l'examen que j'ai été chargé de faire des matières destinées à faire partie du Programme de la troisième session du *Congrès international de Statistique*.

Cette assemblée devant se réunir à Vienne, il me paraît opportun d'exposer les titres qu'on peut faire valoir en faveur de la capitale de l'Autriche, choisie pour cette session comme lieu de réunion de *l'Aréopage* statistique du monde civilisé. Je me bornerai en cette occasion à faire ressortir les rapports les plus immédiats qui existent entre la statistique et l'administration.

En poursuivant jusqu' à leur point de départ les mesures tendants à réaliser l'idée d'un État unitaire autrichien, on ne manquera pas de rencontrer la haute initiative de la grande Impératrice Marie-Thérèse. Pendant que la science en était encore à rechercher des principes d'administration dignes d'une civilisation avancée pour en former un corps de doctrines, on vit émaner du cabinet de l'illustre Impératrice, qu'entouraient des conseillers éclairés, des mesures excellentes, dans lesquelles l'idée d'un Etat unitaire pût étendre, pour ainsi dire, ses racines, et dont les dispositions essentielles forment encore le fondement de notre administration. On organisa la superposition hiérarchique des autorités administratives; on améliora les tribunaux; on créa un Contrôle supérieur de la comptabilité publique; on établit en Lombardie un cadastre, ce cachet d'une administration financière basée sur la justice et la science, que plusieurs Etats étrangers ont pris pour modèle et dont l'introduction dans les autres provinces fut préparée en demandant des descriptions de propriété (Fassionen); on soumit à des régles fixes les rapports autrefois arbitraires entre les seigneurs territoriaux et leurs serfs, et on chargea l'autorité d'en surveiller l'exécution; on promulga pour la première fois une loi de navigation, laquelle est encore en vigueur; on ordonna des recensements de la population; enfin, et surtout, on favorisa le développement de la culture intellectuelle par la création de nombreuses institutions consacrées aux sciences et aux arts, par l'extension ou par l'augmentation des ressources de celles qui existaient déjà, et particulièrement des Universités. Ces diverses mesures fournirent à la Statistique les premiers éléments de ses études, les premiers sujets de ses travaux.

Le règne du successeur de la grande Impératrice, Joseph II., coïncida avec l'époque marquée par cette violente fermentation des esprits qui, dans leurs efforts pour écarter les obstacles qui s'opposaient à leur élan, et dépassant le but, ébranlèrent les fondements de l'ordre politique et religieux, époque favorable à la démolition plutôt qu' à la construction ou au développement organique des établissements existants. Le noble prince, quelque zélé qu'il fut pour assurer la prospérité de ses sujets dans le sens de ses idées, dépendait naturellement, pour l'exécution de ses projets, des conditions imposées par l'esprit général de son temps. Son but principal étant la concentration du pouvoir gouvernemental et l'augmentation de sa force, il pensait l'atteindre en organisant d'après un plan uniforme l'administration de ses Etats si différents entre eux par leur constitution politique, leurs mœurs et leur civilisation. Si son règne n'a pas été assez long pour lui permettre de réaliser ses réformes avec les modifications que l'expérience lui aurait suggérées, il put néanmoins, grâce à son énergie, prendre de nombreuses mesures qui, portant en elles le germe de leur développement, survécurent et formèrent le point de départ d'améliorations ultérieures. Parmi ces mesures il faut compter les travaux préparatoires à la codification des lois; la séparation et délimitation des différentes branches de l'administration; la promulgation des lettres patentes relatives à l'abolition du servage (Unterthanspatente); l'amélioration du mode de recensement, ainsi que l'introduction de Matricules paroissiales destinées à être

utilisées pour la statistique de la population; l'ordre
établi dans le budget de l'Etat et la création d'un dépar-
tement des comptes subordonné immédiatement au cabinet intime; l'encouragement donné à l'industrie et au
commerce; la fondation et l'amélioration des institutions
philantropiques les plus diverses pour les vieillards, les
malades, les enfants trouvés et les femmes en couches;
l'augmentation des établissements d'instruction et des
cures. Ce sont ces institutions et ces établissements,
dûs à la sollicitude de l'Empereur Joseph II., ainsi que
leurs résultats qui fournissent la matière de l'histoire
de la statistique administrative de l'Autriche.

Après la courte époque transitoire du **règne de**
l'Empereur L e o p o l d II., pendant lequel on s'appliqua
à modifier les réformes de Joseph II. pour les **mettre**
en harmonie avec le régime antérieur, l'Autriche entra
dans la période remplie par le long règne fécond en
événements de l'Empereur F r a n ç o i s I. Dans la **pre-**
mière moitié de cette période, les grandes guerres euro-
péennes ont plusieurs fois mis l'Etat à de rudes épreu-
ves, mais grâce à sa vitalité, il est toujours parvenu à
les surmonter; toutefois non sans que les événements
aient porté une profonde perturbation dans ses finances, et détruit le bien-être de toute une génération.
Au milieu de la guerre, et à la suite de la disso-
lution de l'ancien Empire germanique, on dut réorga-
niser l'administration du nouvel empire d'Autriche. On

le dota en même temps d'un code pénal et d'un excellent code civil, monuments impérissables de l'activité
féconde de cette époque où tant d'utiles travaux furent
enfantés dans le silence du cabinet. Le perfectionnement
de l'administration intérieure de son vaste Empire occupa
le long règne de François I. La justice, selon la de-
vise de ce prince *regnorum fundamentum*, parvint dans
les tribunaux impériaux à une considération publique où
elle n'avait jamais atteint antérieurement; l'organisation
administrative et représentative du royaume Lombardo-
Vénitien, renouvellée alors sur d'anciennes bases est
encore aujourd'hui considérée comme propre à servir de
modèle; l'instruction secondaire et supérieure fut réor-
ganisée et appropriée aux besoins de nos jours, urtout
en ce qui concerne les sciences appliquées; l'instruction primaire, soumise à une législation bien entendue
et encore en vigueur, se répandit dans tout le pays.
L'industrie et le commerce virent disparaître bien des
entraves par l'effet des mesures prises pour desserer
les liens des corporations (maitrises et jurandes), et
pour établir la liberté de l'exploitation des grandes ma-
nufactures en accordant des concessions (Fabrikprivi-
legien) aux fabricants. Les progrès de l'industrie et du
commerce furent encore favorisés par l'extension du
réseau des routes, par l'encouragement de l'enseignement technique dans les institutions des arts et metiers.
La fondation de la banque nationale eut pour effet,

non seulement de faciliter les affaires, mais encore de rétablir la circulation des espèces qu'un papier monnaie déprécié avait fait disparaître; la réhabilitation de la dette publique et l'établissement d'un fonds d'amortissement qui eurent lieu en même temps consolidèrent le crédit de l'Etat; cependant ces divers avantages ne furent obtenus qu'aux prix de grands sacrifices. En établissant un cadastre perfectionné dans les provinces allemandes, slaves et dans la partie de celles italiennes où ne fonctionnait pas celui de Marie-Thérèse et en réglant de nouveau la contribution industrielle (patente) on parvint à répartir les impots directs avec plus d'égalité et de justice, résultat qu'on obtint pour les contributions indirectes par l'introduction d'un impôt général de consommation et d'un nouveau tarif douanier. Enfin la statistique fut officiellement reconnue par la fondation de chaires spéciales dans les universités; le gouvernement l'installa même dans l'administration, bien avant la plupart des autres pays, et l'organisa d'une manière appropriée à son but par la création d'un bureau de statistique.

La paix en se maintenant sous le règne de l'Empereur Ferdinand I. dirigea les efforts de ses contemporains vers le développement des arts de la paix, vers la production industrielle et commerciale. Après de longs préparatifs l'académie impériale des sciences à Vienne fut constituée. La grande invention de notre époque, qui seule rend possible le transport de masses considérables, les chemins de fer *à loco-motive* *), furent introduits en Autriche, d'abord par des compagnies, et ensuite directement par l'Etat qui hâta l'achèvement des principales lignes en se chargeant lui même de leur construction, mesure dont la portée fut éminemment étendue par la rapidité de son exécution. L'esprit d'association s'éveilla partout et manifesta son action féconde par la création de nombreuses compagnies industrielles, commerciales et de chemins de fer. Il s'en est suivi pour le bureau de la statistique administrative, érigé alors en direction et definitivement constitué la mission d'étendre ses investigations sur les mouvements généraux des affaires et d'en faire connaître les résultats.

Mais au moment le plus imprévu éclata la terrible tourmente qui étendit ses ravages sur le beau pays de l'Autriche; bien que sa durée ait été courte, comparée aux révolutions étrangères, elle a eu des conséquences d'une portée incalculable. L'insurrection embrasant les provinces les plus opposées de l'Empire, et la guerre étrangère se réunissant à la guerre civile, la plus désastreuse de toutes, le gouvernement dut faire des efforts extraordinaires à une époque où des

---

*) Les chemins de fer ayant existés en Autriche avant les locomotives au moyen du trait par des chevaux.

provinces entières s'étaient soustraites à son influence, où le reste du pays était sous le coup d'une tension fiévreuse, où la foi à la durée de l'Empire se trouvait ébranlée, où son existence même était menacée, miné qu'il était par des ennemis intérieurs alliés à l'étranger. Cependant la divine providence avait décidé la conservation de l'Autriche; l'épée était tirée et ses vaillants enfants combattirent glorieusement pour la protection de la patrie. La tourmente ayant balayé les nuages orageux suspendus sur le pays, la *Nouvelle-Autriche* put se relever à la face du soleil pleine de vie, gouvernée par son jeune empereur François Joseph, le symbole et le palladium de son grand avenir. Dans le petit nombre d'années qui se sont écoulées depuis l'avènement de cet auguste prince on a plus fait pour la reconstruction et la consolidation de l'Etat dans toutes ses parties, dans toutes les branches de son administration, que jadis pendant des siècles. Il est impossible d'embrasser d'un coup d'oeil la longue serie des réorganisations, des réformes et de leurs effets réalisés comme par enchantement dans le court laps de temps qui s'est écoulé depuis le commencement de son règne. Disons seulement que toutes ces mesures avaient pour but de réunir les divers Etats de la couronne en un Empire organiquement constitué; de concentrer la direction de l'administration entre les mains du gouvernement; de consolider l'unité de l'Empire; d'activer la plus considérable des réformes: l'abolition des charges féodales qui pesaient sur le sol; de rendre la liberté au commerce, en supprémant les prohibitions, en améliorant les règlements douaniers et en faisant disparaître les barrières intérieures; de régulariser les lois de navigation, de fonder des chambres de commerce, d'établir un réseau étendu des chemins de fer; d'encourager les affaires en agrandissant la Banque nationale, en formant de nouvelles associations commerciales et en concluant des traités internationaux. On satisfit aux besoins intellectuels et moraux de la nation en réformant complètement l'enseignement supérieur et en établissant un système d'enseignement professionel, ainsi que l'Institut géologique; en réglant les affaires du culte et en rendant la liberté à l'église; en entreprénant de vastes opérations de finance; en soumettant à une révision sérieuse toutes les branches de la législation judiciaire et administrative; enfin en créant une armée aguerrie, expérimentée et bien pourvue et dont le perfectionnement est assuré par une série d'écoles spéciales.

C'est le privilège enviable de la statistique administrative de présenter, sous une forme qui permet de comparer les causes aux effets, les résultats des changements si variés que je viens de passer en revue. Oui, c'est à la statistique qu'est échue la mission de dresser, pour la satisfaction des contemporains et l'enseignement de la postérité, un tableau saisissant de notre rénovation politique qui, en débarassant de ce qu'il avait de périssable le précieux héritage de nos pères, l'a reconstitué en l'agrandissant et en implantant dans son sein les germes de la durée et du progrès. J'espère, Messieurs, qu'avant la clôture de vos déliberations j'aurai pu vous soumettre un essai tendant à résoudre ce problème d'une difficulté incontestable.

Les observations préliminaires qui précèdent étaient nécessaires pour déterminer les limites dans lesquelles, à chaque époque, la statistique autrichienne pouvait étendre ses recherches sur la situation du pays. La première impulsion vers cet ordre de travaux partit de la science, qui venait d'être introduite dans les universités de l'Empire par la création de chaires de statistique. On ne saurait contester au gouvernement autrichien l'honneur d'avoir eu pour principe, dès le commencement de ce siècle, donc avant la plupart des autres pays, que l'instruction politique de la jeunesse des Ecoles est incomplète si elle ne repose sur la connaissance de la situation générale de l'Empire, comparée autant que possible à celle des autres états. A cet effet, les cours de statistique devaient embrasser à la fois la théorie de cette science, la statistique générale et la statistique spéciale de l'Autriche. Ce cours ouvrait la série des études administratives qui, en se développant, comprenait la législation, l'économie politique, les finances et la politique. L'obligation, pour tous les étudiants, de suivre les cours de statistique résultait du système d'études alors en vigueur; elle fut surtout utile aux jeunes gens aspirants à des fonctions pour lesquelles des études administratives régulières étaient exigées. La statistique est, en effet, la meilleure introduction aux sciences économiques et politiques. On comprend donc que la statistique ait été d'abord cultivée en Autriche par les professeurs chargés des cours dans les universités parmi lesquels nous ne nommons que de Luca, Zizius, Bisinger, Schnabel, Kudler, Schreiner, Jonak, Zuradelli, Nardi et surtout nos honorables collègues M. M. les conseillers de gouvernement Springer et Neumann et le conseiller ministériel, chev. de Vestenek. Pour ne pas trop étendre cette énumération, mentionnons seulement parmi les statisticiens n'appartenant pas au corps enseignant, le baron de Liechtenstern, Quadri et l'éminent Gioja. Faisons remarque en cette occasion, que la méthode comparative, actuellement dominante dans la statistique a été appliquée de bonne heure par Bisinger et Schnabel. Ces savants avaient d'ailleurs à lutter contre une difficulté sérieuse, l'absence de matériaux suffisants et dignes de confiance propres à remplir les différentes rubriques de leur cadre; or ces matériaux ne pouvaient être obtenus que par des mesures générales exécutées par les organes du gouvernement, mission dont ces derniers n'avaient pas encore été chargés. Il fut réservé a l'honorable collègue

M^r. le professeur Springer de dresser la première statistique suffisamment complète de l'Autriche, et il le put, parcequ'il lui fut permis de prendre connaissance de documents statistiques réunis par le gouvernement, qui alors n'étaient pas encore accessibles aux particuliers.

Le projet de fonder un service public spécial consacré à la statistique remonte aux premières années de ce siècle, mais il ne fut réalisé qu'en 1828 par la création du Bureau de statistique auprès de la direction générale de la comptabilité publique. Ce bureau avait des attributions purement pratiques; elles consistaient seulement à représenter sous la forme de tableaux synoptiques les résultats numériques des actes administratifs. Ces tableaux étaient lithographiés et distribués aux administrations centrales et aux gouverneurs des provinces, sans être destinés à la publicité. Mais tout en ne lui donnant qu'une tâche aussi restreinte, l'empereur conféra au Bureau, lors de sa fondation, une attribution qui lui valut son importance ultérieure. Elle consistait, d'un coté, dans l'obligation d'étendre ses travaux sur toutes les branches de l'administration, et de l'autre, dans le droit de demander à toutes les autorités centrales ou provinciales les renseignements qui pouvaient lui être nécessaires. De cette manière on conserva la centralisation de la statistique administrative et on empêcha cet éparpillement du travail qui oppose, l'expérience le prouve, des obstacles souvent insurmontables à l'établissement de la statistique générale d'un Etat.

Ce fut une circonstance heureuse pour le nouveau Bureau de statistique en ce qu'on confia la fondation et le premier développement à l'homme le plus propre à bien remplir cette mission. Le vice-président de la direction générale de la comptabilité publique, M^r. le baron de Metzburg s'y consacra avec prédilection. Il mit au service du bureau des connaissances spéciales étendues et l'energie persévérante indispensable pour la création d'un nouveau rouage administratif. Non seulement ses tableaux synoptiques embrassèrent dès l'origine toutes les branches de l'administration, mais il rédigea encore pour la première année un texte dans lequel il donnait des indications sur les principaux points de l'histoire et de la géographie de l'Empire, établissant des comparaisons avec des pays étrangers, mais sans sortir des généralités.

En 1840 le Bureau de la statistique entra dans une nouvelle période. Jusqu'alors il avait conservé le caractère d'un service auxiliaire de la comptabilité centrale, et son personnel était temporairement détaché du corps des employés de la comptabilité de l'Etat. Sur la proposition du Baron Kübeck, président de la direction générale de la comptabilité publique, un décret impérial ce bureau érigea en *Direction de la statistique administrative.* Cette dénomination accordée au service de la statistique à une époque où l'on n'avait pas encore établi nettement ces idées, faisait connaître l'exténsion des attributions qu'on voulut lui donner; on assura en même temps sa durée en lui donnant un personnel définitif mais encore peu nombreux, vu qu'on s'était borné à satisfaire aux exigences d'alors.

Dès l'année suivante (1841) on put constater les progrès de cette institution par l'augmentation de ses travaux et l'accroissement de son influence. On améliora les cadres des tableaux synoptiques qui avaient dèja existé auparavant et on ajouta un texte explicatif; de plus, pour répondre à un besoin vivement senti, à partir de ce moment on comprit parmi les travaux courants la constatation de l'ensemble des manifestations de la vie économique. C'est conformément à cet ordre d'idées qu'on réunit les documents sur le commerce extérieur, sur la navigation maritime, sur les moyens de communication avec l'histoire des établissements de la navigation à vapeur et des chemins de fer, et particulièrement une statistique embrassant toutes les branches de l'industrie, premier travail officiel de ce genre et de cette étendue. On s'efforça de remplir les conditions fondamentales d'une bonne statistique administrative, c'est-à-dire de fournir des renseignements exacts et complets. A cet effet, imitant le système établi pour les régies financières et la comptabilité publique, on introduisit des contrôles: pour les matières administratives et judiciaires, on consulta les rapports faits à l'autorité centrale ; pour les recherches économiques on utilisa les comptes rendus des sociétés industrielles, les relevés des quantités de matières premières employées, du nombre d'instruments et de machines en activité, du nombre des ouvriers, et toutes autres données pouvant contribuer à rendre les résultats plus exacts et à en examiner l'exactitude. Dans ces travaux on était dirigé par la pensée que le degré d'authenticité des renseignements émanés de la statistique administrative ne devait pas être mesuré seulement d'après leur origine plus ou moins officielle, mais encore, autant que possible, d'après leur conformité avec les données de la science et de la pratique. Toutefois comme les tableaux statistiques embrassent toutes les branches de l'administration et de l'économie sociale, quelques-uns des cadres employés n'ont pu être perfectionnés ; ceci s'applique notamment à ceux de la statistique agricole pour lesquels on manquait de travaux préparatoires qui ne sont pas du ressort de la statistique. Mais les améliorations apportées dans les travaux de la Direction de la statistique administrative n'auraient eu qu'une utilité restreinte, si ces documents n'avaient dû rester accessibles qu'à un nombre très limité de fonctionnaires supérieurs ; car lorsque les efforts scientifiques ne s'accomplissent pas au grand jour de la publicité, ils courent le danger de se rester stagnants ou de produire des resultats superficiels. D'un autre coté, ce ne sont plus seulement les hommes d'état qui éprouvent le besoin de connaître la statistique de la patrie; de nos jours, où un public éclairé prend un vif intérêt à la situation générale dù pays, où tant de personnes sont entrainées par le mouvement des affaires, ces renseignements devaient être mis à la portée de tous.

Satisfaction fut bientôt donnée à ce besoin. Dès l'année suivante, le Comte Wilczek étant alors successeur du Baron Kübeck, on autorisa l'impression des tableaux qui accompagnent *l'Année 1841* (document renfermant la matière de 30 volumes en 8° ordinaires); on reçut la permission de publier ensuite la partie de *l'Année 1842* relative aux intérêts économiques, enfin en commençant par *l'Année 1845* on publia l'ensemble complet des documents. Alors parut pour la première fois un exposé complet et exact de la situation administrative et économique de l'Autriche, rédigé sur des données officielles. La force inrécusable des chiffres agit puissamment. On vit d'un coup d'oeil la richesse immense des ressources encore si peu exploitées du pays; on constata la régularité satisfaisante de l'administration financière sur le compte de laquelle circulaient des opinions défavorables, alimentées ou fortifiées par le secret qu'on avait gardé jusqu'alors sur ce point; enfin tout coeur patriotique se sentit élevé par la conscience d'appartenir à un État, qui pouvait mettre dans la balance des intérêts européens une puissance matérielle et morale si considérable.

L'avènement au trône de Sa Majesté l'Empereur régnant marque le commencement d'une 3ᵉ période pour la statistique administrative de l'Autriche : la direction de ce service fut réunie au ministère du commerce, de l'industrie et des travaux publics. Les riches matériaux qui furent ainsi mis à sa disposition, notamment en ce qui concerne le domaine économique, et l'augmentation de son personnel, permirent au Bureau de la statistique d'étendre ses travaux, d'y comprendre la Hongrie qui jusqu'à ce moment ne s'était presque pas prêtée aux recherches statistiques et de se charger de la statistique du commerce extérieur, seule attribution de son ressort restée en dehors de son action.

Pendant que les divers services administratifs et financiers étaient momentanément absorbés par les soins d'une réorganisation générale et ne pouvaient prêter leurs concours aux travaux de la statistique, le Bureau dirigea ses efforts dans une voie, sinon entièrement nouvelle, du moins encore peu suivie ; depuis lors cette méthode s'est tellement répandue qu'elle peut être considérée comme la base et la garantie de la prochaine transformation de la statistique administrative. Je veux parler du système des monographies qui consiste à confier à un homme spécial faisant partie du Bureau la statistique complète d'une matière déterminée, et pour laquelle les renseignements sont recueillis au moyen de cadres, bulletins ou formulaires remplis par les établissements.

ou services que cela concerne. En appliquant ce système on rédigea des exposés tenus au niveau de la science sur le mouvement de la population, l'instruction publique, le mouvement du commerce et de la navigation des grands ports autrichiens, l'industrie, les mines et les usines. La tendance de notre statistique de se placer surtout au point de vue administrative fit qu'on comprit parmi ces monographies le compte rendu des travaux de différentes administrations telles que celles des ponts et chaussées et des chemins de fer. On essaya en cette occasion pour la première fois de mettre en rapport les principes de la science avec les résultats obtenus par ces entreprises technico - mercantiles, sans quitter le point de vue économique. Cependant la monographie la plus étendue a eu pour objet une description éthnographique de l'Empire basée sur les recherches les plus consciencieuses et les plus sévèrement controlées, cet objet étant d'une importance majeure dans toutes les questions relatives à l'organisation intérieure de l'Autriche.

La multiplicité des travaux de la direction de la statistique a rendu nécessaire l'adoption de plusieurs modes de publicité. C'est ainsi, qu'en dehors des *Tableaux statistiques* (Tabellenwerk) on publie, sous une forme succincte, le relevé du commerce extérieur de l'Autriche immédiatement après la clôture de l'année, et plus tard d'une manière complète; on fait paraître, en outre, une revue périodique intitulée „Communications statistiques" (Statistische Mittheilungen) dans laquelle on reproduit, non seulement les monographies, mais encore, pour en hâter la communication au public, des extraits des grands *Tableaux statistiques* et la description statistique de simples provinces telles que la Silésie, la Moravie, la Transylvanie, la Bukowine, la Carniole et la Carinthie, descriptions, dans lesquelles on a fait ressortir l'importance de l'une et de l'autre des branches de l'administration ou de la production. A peine eût on achevé l'ouvrage ethnographique, qui embrasse plusieurs volumes, qu'on s'occupa de la cartographie; deux cartes ethnographiques, l'une sur une grande échelle et l'autre sur une petite, ainsi qu'une carte du cours du Danube furent les premiers essais dans cette voie.

Pour compléter l'indication des travaux de l'administration appartenant au ressort de la statistique, il convient de mentionner ici les belles cartes publiées par le corps impérial et royal d'Etat major. Cette collection comprend une carte générale de l'Empire et des cartes spéciales de tous les Etats de la couronne; parmi ces dernières, la carte du royaume Lombardo-Vénitien présente en même temps une excellente description de la situation agricole de ce pays, et chacune des autres dénote la réalisation d'un progrès spécial de cartographie. Des descriptions de voies de communication fluviales et terrestres réunies il y a 20 ans par la *Chambre aulique*, mais malheureusement restées inédites, forment ensuite une riche mine de renseignements statistiques qu'on consulterait encore avec fruit. C'est le président de cette chambre, M^r. le Baron de Kübeck qui a commencé, et continué de 1840 à 1848, la publication de relevés sur le commerce extérieur de l'Autriche, relevés actuellement considérés comme indispensables et dont l'élaboration a passé, depuis 1848, à la direction de la statistique administrative. La chambre aulique a, en outre, provoqué auprès des autorités supérieures (Landespräsidien) de Milan et de Venise l'établissement d'une statistique de l'agriculture, de l'industrie et du commerce du royaume Lombardo-Vénitien. Ce travail, exécuté dans les années 1838 à 1840 comprend un texte de 4 vol. in fol. et 9 cahiers de tableaux. Les riches matériaux qu'il renferme n'ont pas été livrés non plus à la publicité. La création de *Chambres de Commerce* étendit le champs des recherches statistiques relativement au commerce et à l'industrie; dans quelques provinces, notamment dans l'archiduché d'Autriche, ces chambres ont déjà produit de résultats satisfaisants. Enfin il convient de mentionner le journal actuellement hebdomadaire, *l'Austria* qui, fondé sous les auspices du ministère du commerce par le rapporteur, passa bientôt sous la direction de notre honorable collègue M^r. le conseiller Höfken. Cette publication a pris, depuis 8 ans, une grande part dans la diffusion en Autriche, des connaissances économiques et statistiques.

La statistique en était arrivé, en Autriche, à ce dégré de développement, lorsque la fondation du Congrès international ouvrit pour elle dans tous les états civilisés une nouvelle ère de progrès scientifique et d'importance administrative. Dès la première réunion, tenue à Bruxelles, le Congrès marqua une trace profonde; lors de la 2ᵉ session, à Paris, les travaux se distinguèrent par leur cachet scientifique et par la richesse des observations ou des expériences, communiquées par les hommes éminents qui la composaient. J'espère que la session de Vienne ne sera pas moins utile au progrès de la science que les deux réunions précédentes.

La pensée fondamentale du Congrès international : *de rendre uniformes les cadres d'après lesquels est dressée la statistique dans les différents états, afin de pouvoir en comparer les résultats*, aura des conséquences d'une portée incalculable pour le développement de la science et le perfectionnement de l'administration. C'est avec raison que M·. Quetelet a fait observer, dans son discours d'ouverture, que sans la possibilité de comparer, il ne saurait y avoir des progrès dans les sciences d'observation, et que ce n'est qu'en introduisant de l'unité dans les statistiques officielles de tous les pays que cette science pourra entrer dans la même phase que plusieurs de ses sœurs ainées. La coopération de tous les statisticiens pratiques à l'établissement de cadres pour chaque branche de la statistique, doit nécessairement donner à ces cadres une perfection que n'aurait jamais pu atteindre le statisticien le plus distingué abandonné à ses propres forces; la perfection des cadres réagira naturellement sur les matières qui les rempliront. Mais les gouvernements eux-mêmes ne tarderont pas à constater les heureux effets qu'une statistique plus parfaite doit produire sur la pratique administrative. Au reste, l'empressement, avec lequel les gouvernements ont accueilli l'idée d'un congrès de statistique et pris en main sa réalisation de manière à en faire une réunion vraiment internationale, prouve combien ils sont pénétrés des avantages de cette institution.

Il est vrai qu'en examinant avec attention les rapports qui existent entre la statistique et l'administration publique on croit apercevoir entre eux une profonde séparation aussi nuisible à l'une qu'à l'autre. Autrefois, lorsque la statistique etait bornée aux travaux particuliers des savants, lorsque, privée de communications officielles, ceux-ci ne disposaient que de rares matériaux et tendaient à remplacer la profondeur par des développements démesurés qui les amenaient souvent à soutenir des hypothèses sans fondement ou à abuser des combinaisons de chiffres, à cette époque, dis-je, on considérait souvent la statistique comme une science purement théorique et sans relation aucune avec les

buts pratiques poursuivis par l'administration. Même
après que les gouvernements eurent créé des services
publics pour la statistique et que les organes de l'administration furent tenus de lui fournir des matériaux
pris dans le cercle de leurs attributions, on vit et l'on
voit encore souvent prédominer l'opinion que la statistique est plutôt une science qu'un instrument administratif. Cette manière de voir a été favorisée par la circonstance que la statistique, privée de rapports organi-
ques avec l'administration, n'a pas tenu assez compte
des besoins de cette dernière alors même qu'elle traitait
des matières administratives.

Toutefois cet éloignement réciproque cède la place
à une meilleure entente, fruit du mouvement intellectuel
considérable de notre temps. Les événements des 10
dernières années ont produit dans la plupart des Etats,
non seulement une cohésion plus prononcée des parties,
mais encore une grande concentration de pouvoir, une
organisation plus parfaite de l'administration, changements féconds en progrès de toute nature. Actuellement la statistique ne se borne plus à présenter des
chiffres exacts sur une question donnée; elle s'impose
encore la tâche de faire connaître le rapport de cau-
salité qui existe entre les phenomènes les plus remar-
quables de la vie publique et sociale. Les gouvernements de leur coté manifestent de plus en plus la con-
viction profonde qu'au point où l'administration est

arrivée, elle ne saurait plus se passer du secours de la statistique et qu'il ne s'agit plus que de trouver la forme dans laquelle cette dernière pourra exercer son influence de la manière la plus efficace.

Le premier pas vers la découverte de cette forme a été fait par la réunion périodique du Congrès international de statistique. Dans cette assemblée les statisticiens, officiels ou non, se rencontrent avec les administrateurs, et échangent leurs idées et leurs désiratas; des opinions tranchées s'y adoucissent; des expériences approfondies y sont communiquées de part et d'autre; enfin il s'y établit des relations cimentées par l'estime entre les membres accourus du Nord et du Sud, de l'Est et de l'Ouest.

Ce premier pas a été bientôt suivi d'un second non moins important. Le point qu'on discuta avant tout autre dans la session de Bruxelles concerna l'organisation de la statistique. On insista sur l'utilité de créer dans chaque état une institution propre à mettre la statistique et l'administration dans des rapports directs et intimes. Cette question a été reprise ensuite à Paris où vers la fin de la session elle a donné lieu à l'expression d'un voeu formel, dans lequel on invite les gouvernements à instituer des commissions centrales de statistique comprenant des représentants de ce service spécial et de toutes les branches de l'administration. Par cette combinaison on rendrait, d'un côté, la statistique tributaire des besoins de l'administration, et de l'autre, on lui assurerait la coopération active de cette dernière pour tout ce qui serait nécessaire à son développement et à ses progrès dans cette voie, qui est la seule bonne.

Il est réservé à la 3ᵉ session de faire connaître combien les gouvernements ont apprécié la portée de ce voeu et l'ont réalisé dans leurs Etats par la création de commissions de statistique. Il est certain que ces commissions contribueront puissamment à élever le niveau de la statistique. Le concours des fonctionnaires supérieurs de l'administration permettra à la statistique d'exercer son influence bienfaisante sur la vie pratique, tandis que la statistique mettra chaque service administratif en état d'embrasser, au moment de prendre une mesure d'intérêt général, l'ensemble de la situation et d'obtenir ainsi cette sûreté dans les décisions que jusqu'à ce jour on ne trouvait qu'après de longs tâtonnements ou même jamais.

En Autriche, où la centralisation de la statistique avait déjà préparé la réalisation de rapports plus intimes entre elle et l'administration, la nouvelle institution commencerait la 4ᵉ période de l'histoire de la statistique autrichienne, période dont l'étude est naturellement réservé à l'avenir. En attendant, il nous est permis de nous rendre ce témoignage que l'Autriche, l'un des premiers pays, qui ait cultivé cette science, n'est pas restée en derrière de son temps ; aussi, forte des résultats dejà obtenus voit-elle s'ouvrir la nouvelle ère avec confiance prête à faire tous les efforts que de nouvelles obligations pourraient lui imposer.

Je passe maintenant à l'objet spécial de mon rapport, l'examen des matières à insérer dans le programme de la prochaine session.

Je me permettrai, toutefois encore, une observation. Mʳ. le Baron Charles Dupin l'illustre statisticien français, comme Mʳ. Quetelet l'un des doyens de la statistique en Europe, disait dans son rapport sur le projet de programme de la session de Paris, que plus la statistique devient pratique, ou s'applique à des masses d'intérêts considérables, plus elle tend à perdre en étendue ce qu'elle gagne en profondeur. Si la statistique diminue ainsi le nombre de ses objets, dont quelques-uns il est vrai se composent d'un ensemble de questions traités autrefois séparément, cette limitation doit aller encore plus loin, lors qu'il s'agit de déterminer ceux qui pourraient être traités identiquement dans les différents pays civilisés. Ajoutons, que la science de même que la pratique administrative gagnent bien plus par l'étude approfondi d'une seule matière, que par la discussion superficielle de plusieurs; d'un autre côté ce serait éparpiller les forces de notre commission et plus tard celles des membres du Congrès que de traiter à fond un grand nombre d'objets à la fois. On n'a donc abordé, au Congrès de statistique de Paris, qu'un petit nombre de questions, auxquelles on a ajouté quelques autres moins importantes; deux des quatre sections primitivement formées s'étant divisées chacune en deux sous-sections, on discuta six objets principaux et six d'une moindre portée.

J'ai cru devoir me mettre au même point de vue pour examiner le projet de programme préparé par M^r. le docteur Ficker, secrétaire de la commission chargée d'organiser la prochaine session du Congrès.

Ce projet comprend quatre catégories:

Première catégorie.

On a rangé dans cette catégorie les objets que la seconde réunion du Congrès international a désignés comme devant être la tâche d'une réunion ultérieure; ces objets sont donc pour ainsi dire légués formellement à la 3ième session.

1ere QUESTION. Les communications que les représentants des divers pays auront à faire sur les travaux de leurs bureaux de statistique respectifs depuis la clôture de la deuxième session du Congrès international seront à l'ordre du jour dès la 1ere séance; mais ne formant pas un sujet de discussion pour les sections, elles ne figureront pas dans le programme.

2ième QUESTION. *Statistique de décès et notamment classification par grandes divisions des maladies énumé-*

rées comme causes de décès dans la nomenclature approuvée par le Congrès.

La statistique de la mortalité a donné lieu dans les deux précédentes sessions du Congrès à une discussion approfondie. On avait déjà décidé à Bruxelles qu'il y aurait à préparer une nomenclature des causes de décès applicable à tous les pays, que cette nomenclature serait discutée et arrêtée dans une session ultérieure du Congrès. Deux hommes spéciaux appartenant à des pays où l'usage de relever les causes des décès est déjà établi, M. M. les docteurs Marc d'Espine de Genève et William Farr d'Angleterre furent chargés de dresser cette nomenclature et de la soumettre à l'examen de la réunion suivante. Ces savants s'étendirent sur les grandes divisions des causes des décès et sur la liste des causes à proposer : ils furent aussi d'accord sur ce point, qu'en groupant les maladies mortelles, on devait suivre des principes nosologiques et non des principes physiologiques ; mais ils ne purent s'accorder sur la base, d'après la quelle ces maladies seraient classées par catégories, M^r. Farr ayant proposé de les diviser, selon la méthode anglaise, en *épidémiques, endémiques* et *sporadiques,* tandis que M^r. Marc d'Espine soutenait l'usage de Genève où les maladies sont classées en *aignes* et *chroniques.*

Le Congrès de Paris décida qu'il y avait lieu :

1°. D'adopter le catalogue des diverses espèces de causes de mort qu'elle a arrêtées pour qu'il serve de base aux statistiques mortuaires officielles dans les divers Etats.

2°. D'adopter le groupement sommaire de ces causes sous les chefs suivants : 1° morts nés ; — 2° morts par débilité congénitale ou monstruosité ; — 3° morts par vieillesse : — 4° morts par accidents ; — 5° morts par maladie nettement spécifiée ; — 6° morts par maladie incomplètement spécifiée ; — 7° morts de cause inconnue.

3°. D'exprimer les divers voeux suivants :

a) que chaque Etat demande aux médecins praticiens des renseignements sur la cause de mort des malades qu'ils ont soignés ;

b) que chaque Etat prenne les mesures nécessaires pour que tous les décès soient vérifiés par les médecins :

c) que, dans chaque Etat, il soit préparé des feuilles de décès redigées de manière à guider les médecins appelés à fournir des renseignements sur leurs causes ;

d) qu'un ou plusieurs médecins soient appelés à concourir au dépouillement des bulletins mortuaires ou feuilles de décès.

4°. Enfin on renvoya à la réunion suivante la décision à prendre sur la question de savoir s'il convenait de diviser les maladies, soit en épidémiques, endémiques et sporadiques, soit en aigues et chroniques.

Les décisions qui viennent d'être rappelées, renferment il est vrai des problèmes intéressants à résoudre par la législation et l'administration des différents pays, mais elles n'ont laissé à la prochaine réunion du Congrès qu'à déterminer un seul point qui tout en effleurant les limites de la statistique, est de la compétence des médecins, il appartiendra donc aux hommes de l'art d'en décider.

3ième QUESTION. *Il y a lieu de hâter l'achèvement:*

a) d'une liste aussi detaillée que possible des actes reprimés par les lois pénales de chaque pays avec l'indication du sens legal de chaque infraction ainsi que de la pénalité qui y est attachée;

b) d'un tableau de l'organisation et de la compétence des différents tribunaux chargés de la répression, ainsi que de leur procédure.

4ième QUESTION. *Dresser le projet détaillé d'une statistique de la justice civile, en tenant compte des voeux y relatifs exprimés dans la 2ième session du Congrès.*

Il parait convenable de réunir, comme dans les sessions antérieures, ces deux questions, qui sont l'une et l'autre relatives à l'action de l'autorité judiciaire.

Le Congrès international de statistique a émis, dans sa première session, les voeux suivants :

1°. Qu'il soit préparé, pour lui être soumis dans la seconde session, un tableau, aussi complet que possible, des crimes, délits et contraventions prévus par les lois pénales de chaque pays.

2°. Que dans les publications officielles, la statistique des faits relatifs à chaque tribunal (ou plutôt à chaque groupe de tribunaux du même ordre) soit précédée d'une courte notice sur l'organisation et la compétence de ces tribunaux.

3°. Que le plan d'une statistique civile applicable à tous les pays lui soit soumis dans sa seconde session.

Dans le programme publié par la commission préparatoire de Paris, le rapporteur, M^r. Arondeau, chef de bureau au ministère de la justice, dût se borner, relativement au premier point, à adopter la nomenclature des crimes, délits et contraventions qui ont été poursuivis durant les 25 dernières années devant les cours d'assises et les tribunaux correctionnels de France. Il les divisa en crimes et délits contre la chose publique, contre les personnes, contre les moeurs, contre la propriété inspirés par la cupidité, contre la propriété inspirés par la malice ou le seul désir de nuire, enfin en crimes et délits qui n'entrent dans aucune de ces catégories.

Cette division, cependant, ne fut pas considérée comme applicable à tous les pays, puisque, comme on l'a dejà fait remarquer dans la première session, il est impossible, et même sans utilité, d'adopter une classification uniforme des infractions. On pensa qu'il suffirait, d'avoir une nomenclature complète des crimes et délits, spéciale pour chaque pays.

En ce qui concerne le 2ième point, on a exprimé itérativement le voeu que le tableau de chaque subdivision de la statistique judiciaire, criminelle, civile et commerciale fut précédée de notices sur l'organisation et la compétence des divers groupes ou ordres de tribunaux. La connaissance de ces faits est en effet indispensable pour la statistique criminelle comparée, car tel acte qui dans un pays est considéré comme infraction grave ou crime puni par la cour d'assises, est qualifié délit dans un autre et compris dans la compétence des tribunaux de police correctionnelle. Pour faciliter la constation des récidives on recommanda l'établissement de casiers judiciaires tels qu'ils existent en France.

Concernant le 3ᵉ point on fit ressortir qu'il est relativement difficile de dresser un tableau de la justice civile à cause de la multiplicité et de la complication des affaires à juger, difficulté assez grande pour qu'un petit nombre d'Etats seulement aient publié jusqu'à présent des documents sur cette matière. On convint de renvoyer aux réunions ultérieures le soin de tracer le plan d'une statistique de la justice civile et de se borner à formuler les vœux suivants :

1°. Qu'il soit publié, dans tous les pays de l'Europe, des comptes rendus des décisions judiciaires en matière civile et commerciale, pour la rédaction desquels on s'attacherait, autant que le permettraient les formes de la procédure et la législation, à prendre pour modèles les tableaux des Etats qui ont déjà publié des documents de cette nature.

2°. Que, dans ces comptes rendus, les travaux des tribunaux de chaque degré de jurisprudence soient l'objet de tableaux séparés, avec la distinction des décisions sur le fond des décisions sur questions préjudicielles ou incidentes.

3°. Que la durée des procès soit indiquée.

4°. Que l'on classe, autant que possible, les procès les plus importants par nature c'est à dire d'après les questions principales résolues par les tribunaux.

5°. Que l'on fasse des tableaux spéciaux pour les ventes sur expropriation forcée et autres ventes judiciaires, pour les ordres ou distributions des produits des ventes sur expropriation entre créanciers, et que l'on indique, autant que possible, la durée de ces procédures spéciales, les frais qu'elles coûtent comparés au produit des ventes.

6°. Que l'on donne, s'il est possible, le relevé des actes notariés par nature.

7°. En matière commerciale, que l'on fasse connaître, en outre du nombre des affaires contentieuses, celui des faillites ouvertes et leur résultat.

Une pareille statistique de la justice civile fournirait du reste un excellent moyen de surveiller la distribution de la justice, de découvrir les abus et de les faire cesser.

En séance générale M^r. Bayle Mouillard, conseiller à la cour de cassation et l'un des jurisconsultes les plus distingués de la France, présenta le rapport de la section sur ces propositions, qui comptent parmi les plus importantes du programme. La section avait adopté les propositions de la commission préparatoire en les complétant. Les amendements de la section ayant été approuvés par l'assemblée générale et ces décisions devant former le point de départ des travaux de la prochaine session, il importe d'analyser ici ces amendements.

Relativement au premier des trois points discutés, M^r. Bayle Mouillard a fait remarquer, que la Belgique a été le seul pays, où l'on a préparé une nomenclature des crimes et délits, et que la durée de la session a été trop courte, et le nombre des jurisconsultes membres du Congrès trop restreint pour qu'il ait été possible d'accomplir l'oeuvre difficile de dresser une nomenclature comparée pour les différents pays ; qu'on avait donc dû se borner en attendant, à présenter la nomenclature française. On a reçu avec faveur la proposition de publier à la suite du tableau de la criminalité française la nomenclature des méfaits classés d'après les statistiques criminelles officielles des autres Etats et traduits en français par quelques membres du Congrès qui se sont chargés de ce soin. Mais cette proposition n'a pas été considérée comme suffisante pour produire des documents comparables.

On a fait remarquer que les mots n'ont pas le même sens dans la langue vulgaire et dans le langage des lois ; que souvent aussi le même mot a, dans les divers Etats, des significations différentes et que le même objet est quelquefois désigné par plusieurs termes synonymes. On a donc émis le voeu que ces nomenclatures dans les travaux futurs du Congrès et surtout dans les statistiques officielles soient complétées pour chaque pays, par la définition légale des crimes, délits et contraventions, et par l'explication du sens que la loi pénale attribue au mot qui les indique; et que l'on joignît à chaque définition l'énoncé du minimum et du maximum de la peine dictée par les codes.

Pour arriver à la réalisation de ce voeu la troisième assemblée inviterait à l'avance, dans chaque pays, quelques jurisconsultes distingués à préparer des nomenclatures accompagnées de définitions et d'indications relatives à la pénalité. Ces travaux, examinés et approuvés par les gouvernements, permettraient de dresser avec quelque certitude un tableau comparé des crimes et délits. Encore faudrait-il admettre qu'il n'existe pas une trop grande différence dans la manière de constater et de réprimer les crimes. Ceci s'applique surtout aux récidives; il convient donc de renouveler le voeu que les gouvernements, qui n'ont pas déjà une institution analogue, soient invités à établir des *casiers judiciaires* tels qu'ils existent en France. Ces casiers sont des répertoires tenus auprès de chaque tribunal de première instance et sur lequel on inscrit un extrait de chaque condamnation prononcée contre un individu né dans le

4*

ressort du tribunal. Un casier central est établi au ministère de la justice pour les condamnés étrangers et pour ceux dont l'origine est inconnue. Aux moyens de ces casiers qui fonctionnent en France depuis 1851 et donnent d'excellents résultats, on arrive généralement à constater immédiatement les récidives. Mais quelque doive être à cet égard la décision des gouvernements, il serait certainement nécessaire de connaître les moyens qu'on emploit ailleurs pour découvrir et constater les récidives et quelle en est la conséquence légale. A ce voeu on ajoutait celui-ci : que la cause des crimes principaux, des empoisonnements, des assassinats, des meurtres, des incendies soit consignée dans un tableau distinct. Enfin on désirait que les statistiques fissent connaître le résultat des condamnations à l'amende, le montant total des amendes judiciaires tant prononcées que recouvrées, et la portion pour laquelle ces amendes sont transformées en emprisonnement. Il serait également très utile de dresser l'état des frais de justice criminelle ; cet état existe pour la France et il en résulte que les amendes recouvrées sont plus que suffisantes pour payer les frais de justice.

En ce qui concerne la statistique de la justice civile, la section d'accord avec la commission organisatrice, renvoie aux Congrès futurs le soin d'en tracer un plan complet. Elle se borne à recommander à l'attention des gouvernements un cadre provisoire qui peut se modifier selon les besoins et s'adapter à toutes les législations, et demander que ce cadre soit complété de la manière suivante. Comme pour la justice criminelle, on devra faire connaître l'organisation et la compétence de chaque groupe de tribunaux. En donnant les résultats de l'exécution des jugements et obligations on insistera sur les effets de la contrainte par corps en matière civile et commerciale, et lorsqu'elle est employée au recouvrement des dettes envers l'Etat, notamment des frais de justice et des amendes. On indiquera aussi l'âge et le sexe des détenus, la nature des créances, la profession des débiteurs et des créanciers, la durée de la détention, les causes de la libération et ses effets en cas de faillite, ainsi que le nombre des recommandations. Il est important, en outre en donnant le relevé des actes notariés, de dresser la statistique des contrats authentiques ou sous seings privés; de faire connaître, par le nombre des ventes immobilières et le tableau des prix, comment, dans les différents Etats, la terre se divise et se déplace et quel est son degré de stabilité; d'indiquer comment elle se répartit à la mort du père de famille; qu'elle est la part des héritiers directs, celle qui arrive aux collatéraux, celle qui est faite aux époux survivant, dans quelle proportion la loi des successions se modifie par les testaments, et combien de successions sont répudiées ou acceptées sous bénéfice d'inventaire; de relever le nombre et la valeur des inscriptions hypothécaires qui grèvent la propriété foncière; enfin de calculer par le nombre et la valeur des obligations , l'étendue d'une portion considérable de la fortune publique.

Parmi les autres points qui méritent une attention particulière il faut mettre au premier rang les **contrats de mariage**, viennent ensuite, les **obligations commerciales** et les **actes de société** soumis à la publicité, qu'il serait intéressant de classer suivant leur caractère légal. La consommation des papiers timbrés offrira un moyen d'évaluer avec une certaine précision le nombre et la **valeur des lettres de change** et autres effets négociables. Les **faillites** devront être le sujet d'observations variées sur le genre de commerce des faillis, sur la nature des sociétés tombées en déconfiture, sur les dividendes, et surtout sur la cause de la faillite. Cet ensemble de documents composera un des monuments les plus précieux de la statistique, dépassant peut être un peu les limites de la statistique judiciaire, mais formant à la fois le complément et la base d'une statistique de la *législation civile et commerciale*. L'uniformité des lois et usages qui régissent le commerce, notamment en ce qui touche les lettres de change, les protêts, les sociétés commerciales et les faillites, a été admis, comme un but, vers lequel on devait aspirer, que les progrès de la civilisation permettront d'atteindre, mais pour lequel on ne pouvait encore que préparer les voies.

Les indications qui précédent étaient nécessaires pour déterminer la tâche imposée sur ce point à la session prochaine et en conséquence à la commission chargée de l'organiser. Les décisions prises et les voeux exprimés par l'assemblée de Paris se rapportent à trois natures d'objets:

a) à des mesures administratives qui, comme l'établissement des casiers judiciaires, sont du ressort du ministère de la justice;

b) à des travaux definitifs concernant la statistique, mais qui ne pourront être entrepris que plus tard, lorsque les conditions préalables auront pu être remplies;

c) à des dispositions qui doivent être prises par la prochaine réunion.

Les mesures indiquées à la lettre *a)* devront être vivement recommandées aux autorités judiciaires suprêmes, c'est à cela que se borne la mission de la commission organisatrice sur ce point; les travaux mentionnés à la lettre *b)* devront encore être ajournés, mais la commission cherchera à en abréger le délai en s'occupant de la réalisation des conditions préalables à remplir; les dispositions dont il est question à la lettre *c)* forment à proprement parler la seule tâche de la commission.

Ces dispositions se divisent en deux parties, l'une est relative à la statistique criminelle et l'autre à la justice civile. Concernant la justice criminelle, la commission commencera par dresser une nomenclature conforme à la législation autrichienne des crimes et délits, et des contraventions appartenant à la compétence judiciaire, avec l'indication du minimum et du maximum des peines et les explications étymologiques sur le sens et la portée légale des termes employés, suivi des dispositions de la loi relatives à la constatation des récidives. La commission aura en outre à s'adresser à des jurisconsultes étrangers, pour obtenir d'eux des communications analogues sur la legislation de leurs patries respectives. Il dépendra du succès de ces démarches s'il sera possible de présenter à la réunion prochaine une statistique criminelle comparée, ou du moins les nomenclatures des différents pays. Les états des frais de justice de l'Autriche, seront certainement prêts, on parviendra peutêtre jusqu'à l'ouverture de la session prochaine à préparer un travail plus général. Là s'arrête la tâche de la commission et commence celle des bureaux de statistique respectifs : elle consiste à dresser la statistique criminelle de leur pays en utilisant les avis exprimés par le Congrés.

Quant à la statistique de la justice civile et commerciale on a, il est vrai, renvoyé à une réunion ultérieure le soin d'en tracer le plan complet, mais en attendant on a recommandé un cadre provisoire dont les diverses parties sont assez développées. Il appartiendra à la section spéciale, qui sera formée lors du Congrès, de décider, si les matériaux réunis sont suffisants pour tracer un plan définitif de statistique judiciaire civile et commerciale, ou si l'on doit se borner à perfectionner et à compléter le cadre provisoire. Ce cadre, on se le rappelle, doit s'adapter à toutes les législations et à toutes les organisations populaires ou administratives, mais jusqu'à présent il n'a été examiné et jugé qu'au point de vue de la législation française; la commission organisatrice aura donc à apprécier dans quelle mesure il peut être généralisé et notamment appliqué aux législations allemandes. La commission pourra utiliser dans cette intention la collection de cadres dressés par le ministère de la justice d'accord avec le ministère du commerce (auquel ressortit la direction de la statistique administrative) pour l'élaboration d'une statistique détaillée de la justice civile. Le but posé aux travaux relatifs à cette partie du programme est trop élevé pour qu'il puisse être atteint facilement, en peu de temps et au moyen de faibles efforts. Mais il est honorable à la fois pour les administrations et pour la science de ne jamais perdre de vue ce but, de s'en rapprocher sans cesse en avançant constamment dans la voie tracée dans cette direction. Leur coopération fera, de plus, ressortir combien l'influence exercée par la science sur l'administration et par celle-ci sur la science fait augmenter la prospérité publique, et développe la civilisation en perfectionnant, ce qui est le signe caractéristique d'un pays avancé, le règne de la justice.

5ᵉ QUESTION. *Tracer le plan détaillé d'une statistique financière relativement tant au budget de l'Etat que, s'il y a lieu, aux budgets spéciaux des provinces (ou d'autres divisions administratives) et à l'administration des revenus communaux.*

La tendance actuellement dominante parmi les nations d'améliorer leur situation économique, d'une part, et de l'autre la nécessité où se trouvent les gouvernements de tenir les revenus publics au niveau des dépenses croissantes, placent les finances au premier rang parmi toutes les branches de l'administration. Seulement, les finances, intimement liées au caractère particulier de chaque nation et de chaque Etat, affectent dans presque tous les pays une forme spéciale, qui diffère plus ou moins de l'organisation analogue fonctionnant dans les autres. Cette reflexion, ainsi que la considération qu'il n'y a guère d'espoir qu'on modifiera l'organisation des finances publiques dans le seul but de faciliter les recherches statistiques, et que les résultats de la gestion financière ne sont pas publiés par tous les Etats, semblaient s'opposer à ce que cet ordre de faits soit compris parmi les matières discutées au Congrès de statistique.

Cependant en examinant de plus près ces objections, elles perdent beaucoup de leur poids. Il suffit, en effet, pour dresser une statistique financière comparée de tous les Etats, que les principales recettes, dépenses et, s'il y a lieu, la situation de la dette publique soient présentées d'une manière uniforme. On pourrait, pour faciliter l'intelligence de ces renseignements généraux ajouter les subdivisions, rubriques et détails propres à chaque budget, sans que la différence dans la forme des développements ou même leur défectuosité puisse causer un préjudice serieux; car dans cette statistique, comme dans toutes les autres, il ne s'agit pas de pousser l'uniformité jusque dans ses derniers détails, il suffit que les grandes divisions soient comparables entre elles. Ainsi restreints les éléments d'une statistique comparée se trouveront dans les budgets et comptes de tous les Etats. De plus, les Etats qui ont adopté des formes constitutionnelles ne sont pas les seuls qui publient des documents financiers, comme le prouve l'exemple de l'Autriche, qui fait paraître depuis 1845 une statistique financière développée jusqu'aux détails, permettant de saisir nettement le mécanisme de son organisation financière d'autant plus compliquée qu'elle s'est formée successivement et sans plan d'ensemble. Tous les bureaux de statistique seront, sans doute, en état de fournir les données nécessaires pour établir une statistique financière comparée ainsi limitée.

Partant de considérations analogues, le Congrès de Paris approuva, dans la dernière séance, un voeu ainsi formulé:

„De voir figurer dans le programme de la session future une nomenclature complète des institutions financières des divers pays, avec des tableaux relatifs à l'assiette de l'impôt, aux frais de perception, aux sources diverses des revenus de l'Etat, au domaine public, aux établissements de crédit à la division des dépenses et des services publics, en généraux, provinciaux et communaux, à la dette publique et à son amortissement, etc. etc."

On exprima en même temps l'opinion qu'il ne s'agissait pas d'une publication parallèle de tous les budgets, mais seulement de renseignements propres à former une statistique internationale financière.

Il en résulte que la réunion de Paris s'est bornée à appeler l'attention des Congrès ultérieurs sur la statistique financière, leur renvoyant le soin d'étudier cette question et de la résoudre. La commission organisatrice est donc libre de suivre ses propres inspirations. Elle n'est même pas liée par les restrictions qui suivent l'énoncé du voeu du Congrès de Paris, et dont la rédaction en fait plutôt un avis ou une indication générale qu'une préscription. La commission pourra donc se fonder uniquement sur la nature des choses et sur les conditions qu'elle impose. Pour arriver à obtenir des renseignements comparables elle aura à employer un double moyen. Elle devra d'abord établir un cadre renfermant la nomenclature des opérations financières les plus importantes et des services administratifs qui s'y rattachent. On en disposerait les subdivisions de manière à pouvoir leur donner plus ou moins de développements selon les besoins de chaque pays, et sans que l'ensemble en puisse souffrir.

Mais comme il règne dans l'organisation de l'administration financière une différence non moins grande que dans l'administration judiciaire des divers pays, ainsi qu'entre les termes employés dans leurs législations respectives, on ne parviendra à réunir les matières analogues et à séparer les choses dissemblables qu'en ajoutant des indications sur l'organisation et la compétence des diverses institutions financières et sur le sens et la portée des termes employés dans le budget. Il appartiendra à la section chargée de l'examen de cette question, de proposer, après une discussion approfondie, la décision à prendre, soit pour tracer sans retard le plan complet d'une statistique financière, soit pour en préparer seulement les matériaux; dans ce cas, elle avisera s'il convient d'y joindre la nomenclature dressée d'après l'organisation d'un Etat déterminé et l'explication des termes en usage.

La tâche de la commission organisatrice est bien plus considérable et difficile, si, outre le budget de l'Etat, son examen doit embrasser celui des provinces et des communes. Il se rattache, sans doute, un grand intérêt à ces organisations si caractéristiques pour la vie publique d'un Etat et son degré de civilisation: il est même impossible de porter un jugement sur la situation financière d'un pays, si l'on ne connaît pas sa manière de pourvoir aux dépenses des provinces, districts et communes, dépenses qui grèvent souvent les contribuables d'une charge égale à celle supportée pour les besoins de l'Etat. Seulement, le cachet particulier de la nation et de la province étant beaucoup plus fortement imprimé sur ces budgets locaux, il est bien plus difficile que pour les finances de l'Etat de faire entrer la masse des faits variés qu'ils présentent dans un petit nombre de formes propres à rendre les comparaisons possibles. La commission organisatrice attendra sur ce point les propositions de la section.

Deuxième catégorie.

6ᵉ QUESTION. *Statistique de l'industrie, conformément aux décisions prises dans les sessions antérieures, mais complétée par la classification des professions industrielles et par le relevé de la quantité et de la valeur de leurs produits.*

Dès la première réunion du Congrès, la statistique de l'Industrie forma l'un des chapitres du programme. D'après la décision prise à Bruxelles on distingua l'industrie des mines, usines et carrières, des industries manufacturières subdivisées en industries textiles et industries diverses. On fixa à dix ans la périodicité des recensements, qui devraient s'opérer au moyen de bulletins individuels. Les renseignements à recueillir concernant les mines et carrières seraient relatifs à la production des combustibles minéraux, aux minerais, aux mines, aux sources salées, aux carrières, fosses à argile sablonnières; ensuite aux élaborations successives subies par les métaux. Les renseignements à recueillir concernant l'industrie manufacturière, notamment l'industrie textile, s'étendraient à toutes les matières employées. Pour chaque classe il y aurait lieu d'indiquer le nombre des établissements, leur nature, les forces mécaniques employées, le nombre des broches et des métiers ainsi que celui des ouvriers et leur salaire. On ajouterait, quant à l'industrie des mines et usines, l'indication de la quantité des produits fabriqués. Enfin il serait à désirer qu'on dressât des tableaux spéciaux qui résument pour l'ensemble de l'industrie ce qui concerne les forces motrices-mécaniques, les machines à vapeur et moteurs hydrauliques.

Lors de la session de Paris, on n'aborda pas ce sujet. M^r. Legoyt avait, il est vrai, inséré dans le projet de programme quelques questions sur cette matière, mais on ne s'occupa que des accidents qui se rattachent à l'industrie et M^r. le Baron Ch. Dupin fit dans son rapport sur le projet de programme la proposition d'entrer dans plus de détails sur les forces motrices employées dans l'industrie; de distinguer les forces en animées et inanimées, d'indiquer, quant à la première classe, l'état de population ouvrière par âges, sexes, et professions, le nombre des bestiaux et quant à la seconde de faire connaître la puissance des moteurs inanimés en force de chevaux et de les subdiviser, selon qu'ils sont mus par le vent, l'eau, la vapeur ou l'électricité.

L'état avancé de l'industrie rend ces renseignements insuffisants pour satisfaire au besoin d'une connaissance exacte de la situation de cette branche importante de l'économie sociale, éprouvé généralement, non seulement par les organes du pouvoir, mais encore par les fabricants et les commerçants eux-mêmes. Cet insuffisance sera d'autant plus sensible que ces renseignements seront recueillis tous les 10 ans, période qui d'ailleurs paraît d'une étendue convenable et assez longue pour que des changements notables puissent s'y produire. Si l'on considère combien il est important pour la législation et l'administration, pour les affaires industrielles et commerciales, pour les entreprises agricoles, d'obtenir des données précises sur certaines questions industrielles, sur lesquelles on ne pourrait présenter autrefois que des hypothèses ou des analogies, on est d'abord fort étonné de ce qu'on ne s'en soit pas occupé plus activement; mais cet étonnement cesse lors qu'on se rend compte des difficultés à surmonter. On jugera de ces difficultés en se rappelant que ces questions s'appliquant à la quantité et à la qualité des matières brutes ou à demi-fabriquées, à la population ouvrière et à l'influence exercée par l'industrie sur leur santé, leur vie et leur revenu, aux forces motrices naturelles et aux puissantes machines qu'elles mettent en mouvement, à la distribution topographique des différentes branches de l'industrie et des populations qu'elle nourrit, enfin à la nature, le degré de perfection, la quantité et la valeur des produits de chaque industrie spéciale.

La statistique de l'industrie est, plus que toute autre branche de cette science, susceptible d'être élaborée et perfectionnée par de simples particuliers, parceque l'élément technique y prédomine. Néanmoins les travaux basés sur des recherches personnelles ne peuvent, en général, dépasser soit le cercle des affaires personnelles de l'auteur, soit, s'il y a lieu, de sa corporation, parcequ'en dehors de ces limites il lui manque le moyen d'obtenir les renseignements élémentaires. La statistique officielle s'est déjà souvent occupée, même avant que la proposition en ait été faite à Bruxelles, de recenser la population industrielle et de relever le nombre des établissements et des machines. Mais le renseignement le plus important pour l'administrateur et l'économiste, la *quantité* et la *valeur* des produits, c'est-à-dire l'ensemble de la production industrielle, est en général resté en dehors de ces tableaux. Les producteurs ne pouvaient guère être décidés à communiquer avec exactitude les résultats de leur travail et pour les recueillir d'office il eut fallu prendre des mesures inquisitoriales; quant aux renseignements fournis dans ces conditions, ils auraient présenté un tableau inexact et incomplet de la production industrielle et dont on aurait tiré ensuite de fausses conséquences sur la situation de l'industrie en général ou de telle de ses branches. On préféra donc se priver de cette nature de renseignements. De nos jours l'utilité de la connaissance d'une série de faits une fois reconnue, les difficultés qu'en présente le relevé, ne peuvent plus arrêter les efforts à faire pour s'en emparer. Ces difficultés, d'ailleurs, s'affaiblissent dès qu'on les regarde de près et cessent de paraître insurmontables. Sans doute, une bonne statistique officielle de l'industrie ne saurait être dressée qu'avec le concours d'une administration parfaitement organisée, ou à l'aide de ressources étendues et de grands efforts de la part du service chargé de ce soin; mais l'un ou l'autre de ces moyens est à la disposition de tous les Etats.

Le procédé à suivre consiste à relever avec soin des données premières exactes basées sur la connaissance de la technologie spéciale de chaque industrie — ce qui est possible partout — et à se servir de ces données élémentaires combinées avec le chiffre de la production des matières brutes et des produits fabriqués, pour arriver aux tableaux d'ensemble. La quantité de matières brutes employée, le nombre et la nature des établissements industriels, le nombre des ouvriers, la nature des machines et des forces motrices sont des renseignements qui peuvent être constatés partout; la connaissance des procédés techniques et des habitudes du commerce fournissent ensuite le moyen de calculer les quantités qui peuvent être produites avec les éléments qu'on vient d'énumérer, qui doivent l'être pour que l'établissement puisse se maintenir, et qui en général le sont réellement. La consommation, le mouvement commercial et d'autres circonstances analogues fournissent, soit des moyens de contrôle, soit des indications pour combler des lacunes et compléter l'ensemble du tableau de l'industrie. Quelque incertains et incomplets que soient les résultats de chacune de ces opérations prise isolément, on n'en arrive pas moins par leur combinaison, leur rapprochement et leur comparaison à obtenir un travail indiquant avec une exactitude suffisante la situation de chaque branche de l'industrie; or, pour la statistique l'approximation c'est la vérité. On admettra d'autant plus volontiers la possibilité d'établir ainsi une bonne statistique industrielle qu'il y a douze ans dejà un travail pareil relatif à l'Autriche a parfaitement réussi, dont l'exactitude a été confirmé par de nombreux relevés officiels ulterieurs, et qu'on considère encore maintenant comme l'expression de la vérité, sauf pour les branches qui on fait récemment des progrès particulièrement rapides.

La section spéciale qui sera formée aura de grandes difficultés à vaincre pour dresser le cadre d'une statistique de l'industrie, qui sans entrer dans les détails, répondra suffisamment au besoin. Il lui sera possible néanmoins d'en tracer les traits principaux ; elle essayera de dresser une classification des diverses branches de l'industrie tant par groupes que par professions spéciales ; les classifications employées jusqu'à présent étant inapplicables ou insuffisantes, elle préparera des tableaux pour les machines, moteurs et matières premières employées dans l'industrie et indiquera le moyen d'employer les divers renseignements élémentaires pour le travail d'ensemble et le contrôle auquel on doit soumettre chacune des élaborations successives qu'il subit. Qu'on me permette seulement de faire observer que, si l'industrie des métaux forme l'une des plus importantes branches du travail national, la statistique des mines ne peut guère être séparée de celle des usines ; la section appréciera donc si elle doit étendre ses études également sur les mines.

7ᵉ QUESTION. *Statistique de l'instruction publique. Il paraît utile de formuler un questionnaire pour chacune des catégories de l'instruction publique, ainsi que pour les résultats obtenus par elle ; ces derniers ne devront pas être séparés de la statistique de la culture intellectuelle en général.*

La réunion de Bruxelles a soumis cet objet à une discussion approfondie et fixé ses points principaux, mais sans rediger de cadre. D'après ses décisions, il y aurait à diviser les établissements d'instruction (ou d'éducation) en quatre catégories: 1º. établissements affectés à l'instruction primaire ou au 1er degré de l'éducation; 2º. écoles secondaires; 3º. écoles supérieures (facultés); 4º. écoles spéciales. Pour chacune de ces catégories il importe de déterminer:

1º. le nombre et la spécification des établissements, en indiquant, autant que possible, à titre de renseignement, les objets de l'enseignement, les méthodes, la langue dans laquelle l'enseignement se donne, le caractère confessionnel s'il y a lieu, etc.;

2º. le nombre des maîtres et professeurs;

3º. le nombre des élèves, en distinguant les sexes et en indiquant, autant que possible, les âges;

4º. les traitements et émoluments des instituteurs et professeurs;

5º. l'administration et l'inspection;

6º. les institutions accessoires et complémentaires;

7º. les recettes et les dépenses;

Indépendamment des renseignements généraux qui précèdent ce qui, pour la plupart, peuvent se traduire par des chiffres, s'il y a lieu:

a) d'indiquer et de faire ressortir la combinaison de l'éducation avec l'instruction à ses divers degrés;

b) d'indiquer les mesures spéciales prises pour l'éducation et l'instruction des enfants de la population rurale, de la classe ouvrière dans les villes et de la classe indigente;

c) de distinguer, pour les établissements et les écoles du premier degré entre la fréquentation d'été et celle d'hiver:

d) de préciser les résultats du système d'éducation et d'instruction;

e) d'indiquer les circonstances favorables et défavorables qui ont pu influer sur ces résultats.

La session du Congrès de Paris ne s'est pas occupée de l'instruction publique; seulement, dans son Projet de programme, M^r. Le g o y t avait demandé, s'il ne convenait pas de distinguer entre les établissements de l'Etat et ceux des particuliers, et quant aux maîtres ou instructeurs en laïques et ecclésiastiques et ces derniers en réguliers et séculiers?

La nature de la direction imprimée à l'instruction et à l'éducation indique le degré de la culture intellectuelle d'un pays. La statistique de cette culture, que chaque nation considère comme son bien le plus précieux, est donc simplement l'exposé des faits par lesquelles elle tend vers ce but. Mais comme cette culture intellectuelle est *une*, lors même qu'elle se manifeste d'une manière variée, la statistique doit la traiter comme un tout indivisible et en embrasser toutes les branches, ce qui rendrait nécessaire de comprendre d'une manière générale parmi les établissements d'instruction et d'éducation tous ceux destinés à la culture de l'intelligence et des arts. En partant de ce point de vue, la section à former pour l'étude de cette matière, pourra sans négliger les indications données à Bruxelles comprendre de nombreux éléments nouveaux dans le cadre à tracer pour la statistique de l'éducation, de l'instruction et de la culture. L'assemblée générale de son côté suivra sans doute cette matière avec tout l'intérêt qu'inspire le haut degré de culture de l'Allemagne et son amour pour la science.

8ᵉ QUESTION. *Emploi de la cartographie pour les besoins particuliers de la statistique, notamment pour la statistique de l'agriculture, de l'industrie et des voies de communication par terre et par eau.*

On pourrait demander si la cartographie n'est pas étrangère aux délibérations d'une réunion de statisticiens. Mais quel que soit l'avis exprimé sur ce point, il est certain que la représentation graphique de données statistiques sur des cartes, globes, reliefs etc. facilite souvent l'intelligence de questions statistiques; la statistique peut donc revendiquer le droit d'indiquer la forme dans laquelle la cartographie lui rendra le plus de service. L'avantage principal des cartes graphiques pour la statistique consiste à faire saisir d'un coup d'oeil les rapports d'étendue entre les faits figurés. Un autre avantage de cette méthode repose sur les applications nombreuses dont sont susceptibles les signes qu'elle emploie: ce qui, dans le langage ordinaire, demanderait plusieurs phrases, s'exprime souvent sur la carte par un seul signe; il en résulte qu'on peut, en en combinant plusieurs, faire saisir à la fois un ensemble de circonstances étroitement unies dont le langage parlé ne saurait donner une idée aussi claire. Ce sont ces qualités qui rendent la cartographie si précieuse pour la statistique de l'industrie, de l'agriculture et des voies de communication terrestres et fluviales, matières où les questions d'espace sont très importantes. Il est même très difficile de se faire une idée du groupement des différentes industries sans le secours d'une carte spéciale. On s'est beaucoup occupé dans ces derniers temps de dresser des cartes industrielles d'après des modèles variés, comme on a pu le voir à l'exposition universelle de Paris où les cartes industrielles de la direction de la statistique administrative impériale et royale ont été déclarées les meilleures. Cette collection de cartes s'étant accrue aux dimensions d'un atlas industriel, elle pourra servir de base aux délibérations sur cette matière.

Relativement aux voies de communication par terre et par eau, il existe depuis longtemps des cartes postales, routières, fluviales et de navigation, que la statistique peut utiliser, mais qui n'ont pas été dressées spécialement pour elle. Il s'agit donc d'en établir qui répondent aux besoins particuliers de la statistique. Il convient, en outre, de faire remarquer que les cartes, surtout celles qui émanent de services publics, et notamment d'établissements militaires , ne s'accordent souvent ni dans le choix des signes ni dans le nombre et la nature des faits exprimés par ces signes. Préparer l'uniformité au moins relativement aux cartes qui tiennent compte de la statistique, faire adopter des signes identiques pour les mêmes objets, enfin multiplier les signes graphiques autant que le permettra la nécessité d'éviter la confusion, tels sont les buts qu'on cherche à atteindre pour la 8ᵉ question.

Dans la session de Paris on a adopté un cadre excellent et très complet pour la statistique des voies de communication ; or les points les plus importants de ce cadre peuvent être exprimés en signes graphiques sur une carte disposée à cet effet. On obtient bien plus facilement une vue d'ensemble de ces voies de communication si par un simple coup d'oeil on embrasse toutes les catégories de chemins, depuis la grande route jusqu'au chemin vicinal, le mode de construction des ponts, l'utilité spéciale des chemins sous le rapport commercial ou militaire, leur pente, leurs courbes, en un mot tout ce qui influe sur l'état de viabilité d'une route. On pourra prendre pour base de la discussion à ouvrir, une carte routière d'une des provinces autrichiennes , dressée par la Direction de la statistique administrative où sont indiqués par des signes conventionels les renseignements demandés par le questionnaire adopté à **Paris.**

On peut toutefois considérer comme bien plus urgent un travail sur les cartes fluviales et de navigation qui, à la fois plus difficiles et plus négligées, sont encore établies d'après un système différent; aucune d'elles n'embrasse tous les détails qui pourraient trouver place ou qu'il importe de faire connaître relativement à sa navigabilité ou aux inondations causées par les cours d'eau. Parmi les renseignements de cette nature il faut classer ceux qui concernent:

a) la composition des rivages; s'ils sont résistants, argilleux, sablonneux, marecageux; si des attérissements se forment, et quelles sont les limites des inondations;

b) la nature du lit du cours d'eau au point de vue des bancs de sable (composés de sable fin ou **gros**), **des** écueils, rochers sous l'eau, chutes et rapides;

c) les mesurages hydro-techniques, notamment le thalweg, les sondages, les haut et bas fonds, la hauteur des berges, la rapidité du courant, la pente et les crûs;

d) les constructions hydrauliques soit en maçonnerie, comme murs, jetées et pavages sur les rives, quais, soit en bois, pilotis, fachines, barrages, plantation de saules;

e) la navigabilité avec indication de genre de bateaux, des ancrages, ports, chemins de hâlage naturels ou artificiels pour les différentes classes de transport, les inondations qui entravent la navigation.

f) travaux hydrauliques, ponts etc.

Dans la carte du Danube, que la direction de la statistique administrative s'occupe de dresser, et dont plusieurs feuilles pourront être soumises à l'assemblée prochaine, on a compris toutes ces indications. L'examen de ces cartes permettra mieux d'apprécier l'utilité de la proposition.

9ᵉ QUESTION. *Statistique de la navigation par des navires nationaux entre les ports étrangers.*

Au Congrès de Bruxelles on a déjà soumis à une discussion sérieuse la statistique du commerce extérieure et de la navigation. Presque toutes les questions qui s'y rapportent ont été examinées. On a seulement exprimé un doute sur le point de savoir, si l'on possédait le moyen de constater le mouvement de la navigation des navires nationaux entre les ports étrangers, de sorte qu'on ajourna la décision à prendre sur ce detail. Au Congrès de Paris, Mʳ. Legoyt, dans son projet de programme posa de nouveau la question de savoir: s'il ne serait pas possible aux gouvernements, de se procurer, par les agents consulaires, le mouvement de la navigation qui se fait par des bâtiments de leur pavillon entre les ports étrangers, puisque la France, par exemple, n'avait aucune connaissance de cette partie du mouvement des navires français. Dans son rapport sur le proje de programme Mʳ. le Baron Ch. Dupin pense qu'on peut, en effet, y parvenir en préscrivant aux consuls de

France de tenir état des navires français et de leur cargaison, à l'arrivée et au départ du pays dans lequel ils sont accrédités. On peut encore, continue le rapporteur français, au retour des navires en France, exiger du Capitaine le relevé de son livre de bord constatant tous ses voyages indirects. Evidemment, aujourd'hui, rien n'est prêt pour une statistique des navigations indirectes accomplies par bâtiments français. Si chaque nation dressait l'état des navires étrangers, en distinguant dans ses ports et par nation les navires venants directement de leur propre pays et les navires venants d'une tierce contrée, ce serait un moyen de recomposer ensuite la navigation tierce de la France; mais il s'en faut de beaucoup qu'on soit prêt d'obtenir ce résultat. Cette question n'a pas éte discutée au Congrès de Paris.

Du reste le rapporteur a déjà eu l'occasion au Congrès de Bruxelles de répondre d'avance à ce doute en citant l'exemple de la statistique de la navigation autrichienne, qui constate depuis 1842 le mouvement des navires autrichiens entre les ports étrangers, ainsi que la valeur des marchandises, divisées par ports, transportées par ces navires. Les consulats autrichiens tiennent un registre exact des connaissements (polices de chargement) de tous les bâtiments autrichiens entrant ou sortant des ports où ils sont accrédités, indiquant la valeur des diverses marchandises qui composent les chargements; ils en envoient tous les six mois une copie a l'autorité centrale maritime de Trieste, qui la transmet à la Direction de la statistique administrative où s'en fait le dépouillement. Ce relevé est d'autant plus important en Autriche que sa marine marchande, qui se charge d'une grande partie des transports de la Mediterranée, trouve bien plus d'occupation dans la navigation indirecte que dans la navigation directe. Dans les ports autrichiens on consigne également, relativement aux navires étrangers, les renseignements mentionnés par Mr. le Baron Dupin, en distinguant s'ils sont employés au transport direct ou s'ils mettent en communications des ports étrangers à leur pavillon; ces relevés sont également publiés dans les statistiques de la navigation.

Voici maintenant ce qui a fait naître le doute exprimé à Bruxelles. On a fait remarquer qu'il n'existait aucun moyen de constater ces mouvements dans les ports où ne se trouve aucun consulat de l'Etat intéressé. L'expèrience, du moins celle faite en Autriche, prouve que cette objection n'a qu'une faible portée. Sans doute, les circonscriptions consulaires de l'Autriche sont si nombreuses que ses navires, quoique employés à un transport intermédiaire actif, n'abordent que rarement dans un port où ne réside aucun agent consulaire autrichien. Lorsque cependant cela a lieu, ce voyage se trouve enregistré, soit à l'entrée soit à la sortie; car il n'arrive presque jamais qu'un voyage se fasse entre deux ports tellement petits qu'aucun ne renferme de consul. Si quelque cas de cette nature se présentait, le peu d'affaires qui se font dans ces ports secondaires en rendrait l'omission sans aucune importance pour l'exactitude de l'ensemble. Cette circonstance doit également s'appliquer aux autres Etats maritimes, du moins aux principaux ; au besoin on aurait encore la ressource de faire usage du second des deux moyens proposés par M^r. le Baron Dupin.

Il résulte de ces observations qu'on peut **supprimer** cette question qui ne saurait être l'objet d'un **cadre**, les Etats maritimes n'ayant qu'à donner à leurs **agents** consulaires les instructions nécessaires pour **la tenue** des registres mentionnés et pour leur transmission aux bureaux de la statistique. Rien n'empêcherait ensuite ces derniers de comprendre ces renseignements **dans** leurs publications.

Troisième catégorie.

10e QUESTION. *Rapport de la statistique avec les sciences qui s'occupent de la nature.*

Lors de la clôture de la session de Bruxelles, Mr. Ramon de la Sagra proposa de comprendre dans le programme de la session suivante sous le nom *statistique physique* une catégorie de questions relatives à la géographie, la climatologie, à la distribution des animaux et des plantes et à ces phénomènes de leur vie qui, par leurs effets, se trouvent en rapport direct avec la police sanitaire, la culture du sol et la distribution de la propriété. Cette proposition a été renvoyée à l'examen de la commission organisatrice de Paris. Dans le programme de cette dernière, on a inséré seulement (4ᵉ catégorie) une question relative à la statistique météorologique sur laquelle Mʳ. le Baron Dupin, dans son rapport, a fait remarquer qu'elle ne pouvait émaner que des corps savants, des académies, et qu'on est encore très loin de posséder des éléments assez complets pour y procéder. Quant au Congrès il ne s'est pas occupé de cette question.

Les sciences basées sur l'observation sont entre elles dans un rapport si intime, qu'on ne peut étudier l'une sans s'assimiler également les progrès faits par les autres. Cette action réciproque existe aussi entre la statistique et les sciences qui ont pour objet la connaissance de la terre et de l'homme. La statistique s'occupe des rapports politiques de l'homme et de la terre, et ces rapports résultent de circonstances dont l'étude approfondie est la mission de la géographie, de la géognosie, de la climatologie, de la météorologie, de la physique, des sciences agricoles, de l'ethnographie, de la médecine et des sciences qui se rattachent à celles qui précédent. L'expérience démontre que ni la statistique, ni les sciences géographiques ne se renferment toujours dans leurs limites respectives, que les statisticiens empiètent notamment sur le domaine de la géographie et les géographes sur celui de la statistique, tandis que les autres sciences naturelles négligent trop souvent les notions qui intéressent le statisticien et qu'il ne peut que leur emprunter. Le statisticien n'a pas les moyens nécessaires, et on ne saurait exiger de lui de posséder toutes les connaissances scientifiques qu'il faudrait pour trouver directement les résultats dont la recherche constitue la mission de sciences spéciales et qu'il doit se borner à accepter comme des faits établis, pouvant servir à expliquer et à approfondir des circonstances politiques et économiques.

Il s'agirait maintenant de determiner la ligne de démarcation entre la tâche du statisticien et celle du géographe et du naturaliste, en tant que ces derniers fournissent des éléments au travail du premier. Ce problème n'est devenu important que dans les derniers temps, pedant lesquels quelques-unes de ces sciences ont été créées ou du moins ont pris un nouvel essor; actuellement elles peuvent contribuer puissamment à préparer le terrain sur lequel prospéreront de nouvelles branches de la statistique et à faire augmenter la richesse des Etats et le bien-être de leurs habitants. Lorsque ce problème sera résolu, on ne demandera plus si la statistique météorologique doit être réservée à des corps savants ou si elle peut être confiée à des statisticiens: la météorologie remplira ses cadres dans l'intérêt de la statistique et le statisticien s'en servira pour ses propres travaux.

Aux rapports qu'on vient d'indiquer entre la statistique en général et les différentes sciences qui ont pour objet la terre , il convient d'ajouter ceux qui existent entre ces dernières et la statistique administrative en particulier. Dans l'exercice d'un grand nombre de ses attributions, notamment en ce qui concerne la police sanitaire, la police rurale, les mesures à prendre dans l'intérêt de la conservation et de la distribution de propriété foncière , l'administration a besoin de connaître exactement les faits sur lesquels elle est appelée à agir, et cette connaissance elle la cherche avec raison auprès de la statistique administrative. Mais pour que celle-ci puisse lui fournir un tableau complet de ces faits elle doit en recevoir les éléments de savants spéciaux qui, chacun en ce qui le concerne , ont enregistré pour elle les observations indispensables ; ces éléments elle les combine selon les besoins avec les données de la statistique et en prépare un travail propre à servir de base aux décisions de l'administration.

Abandonnés à leurs propres forces les statisticiens ne sont pas en mesure de résoudre ce double problème ; ils ont besoin de la coopération des hommes qui cultivent ces sciences avec succès. Mais c'est aux statisticiens à déterminer le genre de concours qu'ils demandent aux savants qui, chacun de son côté, examineront si et dans quelle mesure, ils peuvent satisfaire à ces demandes. C'est par la réunion des efforts de la science et de la statistique qu'on parviendra à résoudre le grave problème qui nous occupe ou au moins à le rapprocher de sa solution. Ce sont ces considérations qui doivent présider à la formation de la section spéciale de la commission organisatrice.

Quatrième catégorie.

11e QUESTION. *Statistique de différences ethnographiques de la population d'un Etat, en ayant égard à leur influence sur le bien-être, les moeurs et la civilisation de la nation.*

Lorsque plusieurs nationalités se trouvent reunies dans un Etat, le caractère particulier de chacune d'elle exerce sur la vie publique la part d'influence qui se rapporte au nombre des individus qui la compose, à l'étendue du territoire qu'elle habite et à sa distribution dans le pays.

Dans aucun Etat de l'Europe l'élément ethnographique n'a une importance égale à celui qu'il prend en Autriche. Non seulement on y compte douze nationalités distinctes, mais encore les quatre races principales qui les composent se tiennent tellement d'équilibre qu'aucune d'elles ne l'emporte sensiblement sur les autres. L'Autriche est donc appelée plus que tout autre Etat à cultiver l'ethnographie, aussi la carte éthnographique en préparation depuis 16 ans ainsi que les trois premiers volumes du texte qui s'y rattache et qui paraîtront, je l'espère, avant l'ouverture du Congrès prouveront, que cet objet nous préoccupe déjà depuis longtemps. En dehors de l'Autriche, la Russie et la Turquie sont les seules parmi les grandes puissances de l'Europe qui se trouvent dans des circonstances ethnographiques analogues. La Russie possède déjà une carte ethnographique dressée dans un but purement pratique et sans texte; mais la Turquie n'est pas encore en position d'entreprendre une telle tâche; la carte ethnographique de la Turquie publiée par Kiepert est cependant remarquable comme le travail d'un particulier. Dans les autres Etats l'élément ethnographique perd son importance ou disparaît même tout-à-fait. Cette matière pourrait donc être supprimée au programme d'autant plus que les détails y dominent trop pour qu'elle puisse partout de la même manière. Que cette question soit donc d'abord étudiée par plusieurs Etats et à leurs points de vue respectifs, il se formera ainsi des matériaux au moyen desquels il ne sera pas difficile d'établir une bonne ethnographie de l'Europe*).

12ᵉ QUESTION. *Statistique des établissements et des associations destinées à venir en aide aux malades et aux infirmes, ainsi que des résultats de l'organisation sanitaire.*

Aucune science n'a fourni à la statistique autant de matériaux que la médecine, et avant que des bureaux

---

*) La commission organisatrice a décidé qu'il y a lieu d'insérer cette question dans le programme.

spéciaux fussent chargés de cultiver la statistique administrative, la plupart des statisticiens étaient des médecins. Les phases les plus importantes de la vie humaine furent le premier objet de leurs travaux, vu que cet ordre de renseignements était le plus facile à obtenir. La statistique de la mortalité notamment a été élaborée avec soin , toutefois des recherches approfondies sur les causes des décès n'ont pu être entreprises que dans les derniers temps, comme le prouvent les délibérations des deux précédentes sessions du Congrès de statistique. Un autre objet digne d'occuper les médecins-statisticiens, c'est la statistique des établissements et associations destinés à venir en aide aux malades et aux infirmes. Cette matière a donné lieu à la publication de nombreuses monographies, tandis qu'on a rarement essayé d'embrasser en un seul travail l'ensemble des institutions de cette nature existant dans un pays. Cet objet se prête parfaitement à la discussion, et des cadres y relatifs pourront être formulés par le Congrès. Il complète les décisions antérieurement prises sur les institutions de charité, fait naître par sa nature philantropique un intérêt tout semblable, suit presque partout les mêmes formes, de sorte que la rédaction des cadres ne saurait offrir des difficultés sérieuses, ni au point de vue médical ni au point de vue économique.

Une réunion d'administrateurs et de savants comme celle qui formera la section du Congrès pourrait cependant se poser un problème encore plus difficile, et sinon le résoudre, du moins le rapprocher de la solution. Il s'agit de l'organisation sanitaire, dont la statistique complète, si l'on parvient à l'établir, serait d'une haute utilité non seulement pour la science, mais encore pour l'administration. Ici aussi, le statisticien ne saurait remplir sa tâche sans le concours des savants spéciaux, des médecins. Il ne pourra, dans tous les cas se borner qu'à utiliser les renseignements qu'ils fournissent. Mais si l'on a pu s'accorder sur la manière la plus rationelle de recueillir et de coordonner ces renseignements, le statisticien disposera de données uniformes et si bien préparées qu'il pourra les employer immédiatement pour ses travaux, sans craindre de partir de suppositions inexactes, ou d'y laisser subsister de grandes lacunes. Quant au progrès que le prochain Congrès fera faire à cette question, il ne pourra être déterminé que lorsqu'on connaîtra toute son étendue, tâche qu'on doit renvoyer aux soins de la section à former.

13ᵉ QUESTION. *Statistique de la distribution de la propriété foncière et des hypothèques qui la grèvent, ainsi que du mouvement annuel de la propriété et des hypothèques.*

La connaissance des faits relatifs à la propriété n'intéresse pas seulement le statisticien, mais encore le financier, l'autorité administrative, l'économiste et les institutions hypothécaires et de crédit. Si, néanmoins, cette matière n'a été traitée presque nulle part d'une manière approfondie, cela vient de la difficulté de réunir les documents nécessaires dont les éléments sont dispersés dans des milliers de localités. Mais ici aussi les difficultés ne doivent pas arrêter le statisticien, quand la science et la pratique administrative ont reconnu l'importance de la question et que l'administration prête son concours puissant à l'accomplissement de cette oeuvre dont l'utilité n'est pas restreinte à la statistique. Nous retrouvons ici l'occasion de répéter qu'en toute circonstance une bonne statistique est un auxiliaire précieux pour l'administration, et que la possibilité de recueillir de bons renseignements suppose une organisation administrative bien ordonnée; l'une est la condition de l'autre et leurs progrès sont simultanés.

La difficulté d'obtenir les matériaux d'une statistique de la propriété n'est pas insurmontable. Dans les pays où l'on tient des registres matricules du cadastre et des livres terriers, il suffit d'y relever tous les ans les inscriptions et les extinctions. On pourrait sans doute objecter que dans un grand nombre de tribunaux on ne trouverait personne ayant le temps de se charger de ces relevés, et que l'installation d'employés spéciaux occasionnerait une trop forte dépense. Or s'il n'y a pas de preuve plus convaincante que le *ab esse ad posse*, ici aussi la statistique autrichienne peut apporter un témoignage concluant. En effet, le directeur du livre terrier de la grande propriété (Landtafel) de la Moravie, Mr. Demuth à Brünn, vient de publier une histoire de la susdite *Landtafel*, renfermant des tableaux sur le mouvement de la propriété et sur les hypothèques dont la grande propriété a été chargée dans les dernières années, tableaux répondant parfaitement au but qu'on se propose. Mr. Demuth a même rédigé et soumis à la Direction de la statistique administrative une instruction sur le meilleur mode d'opérer ces relevés, de laquelle il résulte que ce travail ne serait pas pénible, mais exigerait une attention constante, le relevé devant se faire au moment même où le fait est porté sur le registre. Si ce relevé peut être tenu à jour dans un bureau où le registre matricule est un des plus considérables, il ne doit pas présenter ailleurs de grandes difficultés, surtout si l'on donne des instructions convenables. Il suffira donc que l'utilité de ce document se fasse vivement sentir auprès de l'autorité compétente pour que le relevé en soit prescrit; il s'opérerait d'abord aux principaux sièges de la propriété et ensuite dans les districts ruraux.

Mais pour apprécier la valeur et l'importance annuelle des mutations de la propriété foncière, il est nécessaire de pouvoir comparer ces renseignements avec la valeur totale de la propriété foncière. La constatation de ce dernier point est bien plus difficile que celle du premier; mais comme il suffit de l'opérer une seule fois, et de procéder par voie d'estimation approximative cette difficulté pourra être également vaincue. Il est encore un autre moyen d'obtenir des renseignements exacts sur le mouvement et les charges de la propriété, moyen applicable seulement aux pays où les actes concernant ces mutations ou contrats sont soumis à l'impôt du timbre. En effet, lors de la perception de ces taxes on peut prendre des notes qui, dépouillées à la fin de l'année, donneront les renseignements désirés. Cette matière est si étendue qu'on en a fait, à juste titre, une question spéciale du programme. Mais comme elle touche par bien des points à la statistique de la justice civile, il semble opportun de charger la même section d'en tracer le cadre.

14ᵉ QUESTION. *Statistique des institutions de banque et de crédit, et de leur influence sur l'état économique d'un pays.*

Personne ne niera que ces institutions, l'une des manifestations les plus surprenantes du principe d'association appliqué à l'économie sociale, ne soient susceptibles d'exercer une influence majeure sur la situation économique d'un pays. Récemment encore, nous avons pu constater à la fois leur effet bienfaisant, et les dangers que présentent l'exagération de leur influence. La doctrine des économistes ne suffit pas pour juger à fond leur portée; l'expérience pourra seule y faire parvenir. Mais cette expérience a été encore trop courte pour qu'on ait déjà pu apprécier sous tous leurs rapports les faits de cette nature. On n'a qu'à se représenter l'étendue du développement que ces institutions ont pris dans ces deux dernières années pour comprendre combien l'avis de la session de Paris eût été différent de celui de la session qui va s'ouvrir, et dont les opinions ne seront probablement pas complètement partagées par la réunion suivante. Il paraît donc convenable de renvoyer cette tâche au soin d'une session ultérieure.

Plan du travail et formation des sections.

Afin de faciliter la préparation d'un programme motivé, basé sur le projet adopté par la commission organisatrice, je crois devoir proposer la formation de six sections chargées d'élaborer les diverses questions à insérer au programme. Avant que la commission ne prît une décision définitive sur les résultats le leurs travaux, ces diverses sections se réuniraient pour mettre d'accord leurs différentes propositions. M^r. le secrétaire de la commission fonctionnera en cette qualité auprès de cette réunion.

Je me permets, en outre, de proposer la composition suivante des sections, lesquelles sont, du reste, libres de s'adjoindre ou de consulter des hommes spéciaux n'appartenant pas à la commission organisatrice.

I. Statistique médicale, statistique des hôpitaux et de l'organisation sanitaire en général.

M. M.

le conseiller ministériel chevalier de Lasser,
„ professeur de Stubenrauch,
„ conseiller médical Dr. Helm.

II. Statistique de la justice criminelle et civile, de la propriété foncière et de ses hypothèques.

M. M.

le conseiller ministériel, chevalier de Hye,
„.   „   „   de Lewinsky,
„   „   de section de Khoss.

III. Statistique financière.

M. M.

le chef de section, chevalier de Hock,
„ conseiller ministériel, chevalier de Luschin,
„   „   „   chevalier de Vestenek,
„   „   de section Engelhardt,
„   „   „   „   Hoefken,
„ Baron de Reden.

IV. Statistique industrielle.

M. M.

le chef de section Baron de Czoernig,
„ conseiller ministériel de Mayer,

le conseiller ministériel **W i s n e r ,**

„ professeur Dr. **S t e i n.**

V. Statistique de l'instruction publique.

M. M.

le conseiller ministériel **T o m a s c h c k ,**

„ „ de gouvernement prof. Dr. **S p r i n g e r ,**

„ „ „ „ „ „ **N e u m a n n,**

„ secrétaire ministériel Dr. **F i c k e r.**

VI. Statistique physique.

S. E. le conseiller intime Baron de **B a u m g a r t n e r.**

M. M.

le major général de **F l i g é l y ,**

„ colonel de **L a n g u i d e r ,**

„ chef de section Baron de **C z o e r n i g ,**

„ secrétaire ministériel **S t r e f f l e u r.**

Aussitôt que les diverses sections auront achevé leur travail et que la commission organisatrice aura pris une décision définitive sur ce point le programme de la 3ᵉ session du Congrès international de statistique pourra être distribué.

Nous nous croyons en droit d'espérer que le concours sérieux de statisticiens, de savants et d'économistes pratiques réussira à faire de notre programme une base solide pour les délibérations du Congrès qui lui permettra d'atteindre le but élevé qu'il s'est posé. La multiplicité des problèmes que la statistique générale est chargée de résoudre rend nécessaire une sage limitation des délibérations de chaque réunion, mais tout travail approfondi sur un objet déterminé formera une des bases fondamentales, destinées à une construction durable, sur laquelle viendra s'élever l'édifice d'une civilisation progressive et de l'association fructueuse entre les Etats, monument dedíée aux générations le plus reculées.

Charles Baron de Czoernig,
chef de Section au Ministère imperial et royal du
Commerce, de l'Industrie et des Travaux publics,
directeur de la statistique administrative.